“十三五”普通高等教育本科部委级规划教材

男装款式设计

1688例

刘笑妍 / 著

中国纺织出版社

内容提要

本书分为七章，分别是西装、外套大衣、夹克、衬衫和针织衫、羽绒服、背心以及裤装，以1688幅款式图的形式展示了男装的主要风格特点和款式特征。书中每幅款式图都展示了不同风格男装的廓型和细节特点，许多款式已经是无法超越的经典。从这些款式中我们可以体会到男装的沉稳、精湛的处理工艺和包容、内敛的风格。

本书适合服装专业师生使用，也可供服装相关企业人员参考。

图书在版编目（CIP）数据

男装款式设计1688例／刘笑妍著．—北京：中国纺织出版社，2016.11（2022.11重印）

“十三五”普通高等教育本科部委级规划教材

ISBN 978-7-5180-2842-9

Ⅰ．①男… Ⅱ．①刘… Ⅲ．①男服—服装设计—高等学校—教材 Ⅳ．①TS941.718

中国版本图书馆CIP数据核字（2016）第186916号

策划编辑：孙成成　金　昊　　责任编辑：杨　勇　　责任校对：寇晨晨
责任设计：何　建　　责任印制：王艳丽

中国纺织出版社出版发行
地址：北京市朝阳区百子湾东里A407号楼　邮政编码：100124
销售电话：010—67004422　传真：010—87155801
http：//www.c-textilep.com
E-mail：faxing@c-textilep.com
中国纺织出版社天猫旗舰店
官方微博http：//weibo.com/2119887771
天津千鹤文化传播有限公司印刷　各地新华书店经销
2016年11月第1版　2022年11月第4次印刷
开本：787×1092　1/16　印张：12
字数：98千字　定价：32.80元

前言 Introduction

提到男装便给人一种款式保守、变化太少的感觉，这恰恰是男装跟女装的一大反差。女装设计师在不断地寻求新的灵感和面料来解读时尚，女装紧跟着流行趋势的变化而变化，用更多新奇的创意来吸引消费者的注意。男装则相反，我们看男装会感觉款式似乎都差不多。其实，男装注重的是细节和功能性，男装始终是保持低调内敛的设计风格，剪裁合体，配饰考究，色调沉稳的传统。男装的变化重点在功能性和实用性上，看似一成不变，其实是在不断进行功能性的创新，而且男装的剪裁、款式都十分考究。男装款式设计最初大多来自于人们的生活、劳动，在日后的不断改进中适应了运动或者战争的需要。今天男性越来越重视自己的着装品位，很多男性也关注男装的款式变化，卡尔·拉格菲尔德（Karl Lagerfield）也为了能穿上迪奥（Dior）的男装而减肥数十斤，可见今天的男装也逐渐在向单纯的款式创新而转变。

“男士的高雅主要表现在不被注意，甚至是不被发现的细节中”。

刘笑妍

2016 年 1 月

沈阳航空航天大学

Contents 目录

第一章　西装

西装（又称商务套装），特点是稳重的颜色和款式，是整个服装设计史中最为成功也最经得起时间考验的成功设计。西装工艺考究，风格内敛，细节精致，发展至今设计、裁剪和面料也发生着变化，如两件套或三件套，单排扣或双排扣，决定了西装对当时社会和工作特点的适应性。通常传统的西装穿法是搭配衬衫和领带。直到 20 世纪 60 年代，所有男人在户外穿西装时都会戴上帽子。两件式西服套装有上衣和裤子；三件套添加了马甲，额外再搭配的话就可以加一个平顶帽。

通常单排扣西装有两粒或三粒纽扣，一粒或四粒纽扣较少见（晚宴套装除外，通常只有一粒纽扣）。超过四粒纽扣的西装更是罕见，但是佐特套服因为衣长的缘故通常有多达六粒或更多的纽扣。纽扣在西装上的位置以及纽扣的款式都有不同的变化，因为纽扣的位置对于服装的整体长度的展示是很关键的。对于衣片是哪片压着哪片并没有明确地规定，但通常都是左片在右片上面，但这不是一成不变的。一般来说，一个隐藏的暗纽会固定住下片。

双排扣西装的纽扣只有一排纽扣是实际穿着时可以扣上的，另外一排扣子的作用是与已有的一排扣子搭配成对，只起到装饰作用，穿着时并不会扣起来。有些比较少见的款式会采用仅仅两粒扣子，在不同的时期扣子也会发生数量的变化，比如 20 世纪六七十年代，有八粒纽扣的衣服，也有典型的六粒纽扣的衣服。每排的三粒扣子会排成一排。如果是双排四粒扣，纽扣通常会形成一个正方形。纽扣的布局和翻领的形状相协调，以引导观者的眼睛。例如，纽扣位置太低或翻领太明显，眼睛就会从脸部向下看，腰部就显得更大。

西装与马甲一样，最下面的一粒扣子并不扣，单粒扣除外；三粒纽扣，应该只扣中间一粒；两粒扣应该只扣上面的一粒。西装的后开衩有单双之分，当然也有不开衩，不开衩的西装缺点就是穿着者呈坐姿时后背的面料堆在一起视觉效果不好，双开衩则方便穿者双手插兜。

·翻领（Lapels）

翻领的风格每种有不同的内涵，随着西装的裁剪、款式发生变化。缺角翻领只出现在单排扣西装上，是最不正式的款式。双排扣西装通常采用尖角式翻领。披肩领是来自维多利亚非正式场合穿的晚装，因此，除了晚宴服并不常看到出现在西服套装里。在 20 世纪 80 年代，缺角翻领的双排扣西装领在权力套装中很流行。在 20 世纪二三十年代，一款非常有格调的设计就是单排扣尖角式翻领西装，这个款式会周期性的流行。即使是非常有经验的裁缝，能够准确地裁剪出标准的单排扣尖角式翻领也是非常有挑战性的工作。

翻领的宽度也是西装变化的细节，多年来一直在改变着。20世纪30年代和20世纪70年代有非常宽的翻领，而在20世纪50年代末和20世纪60年代大多是很窄的翻领，通常只有约一英寸宽的翻领是很流行的。领带宽度通常跟随西装翻领的宽度。

翻领也会有一个扣眼，一朵装饰胸花。这些在正式的场合较常见。通常双排扣西服的每侧翻领上都有一个扣眼，而单排扣西服只有一个扣眼在左边，这个扣眼应该是活扣眼，里面可以插一束花。

也有无领西装，这种西装最早是受战争的影响，西服的领子和口袋盖作为服装“额外”使用的面料而被省去，严格遵循当时的作战时期配给制度。

缺角翻领（A Notched Lapel）

尖角式翻领（A Peaked Lapel）

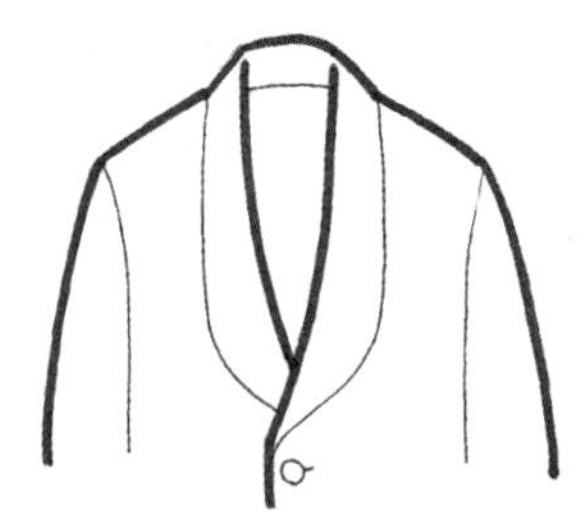

披肩领（A Shawl Lapel）

·口袋

大多数西装有内层口袋和两个主要的外侧袋，通常是贴袋。贴袋是一片单独的面料直接缝制在西装的正面，在夏天的亚麻西装上或其他非正式的款式上较常见。盖口袋是标准的侧口袋，会选用配套的织物覆盖口袋的顶部。

在西装的礼制中，胸前袋通常在左侧，传统上是放置口袋方巾或手帕的地方。除了标准的胸前袋，有些西装还有第四个口袋，票据口袋，通常位于右侧袋的正上方，与标准口袋很相似，不同处是袋口是倾斜的，因为这种口袋最初是为骑马的人在骑行时方便打开而设计的。

1. 定制西装（Bespoke）

定制西装分全定制西服，和半定制西服（Made-to-measure）。不同于批量生产的成品西服（Off-the-peg）。

西装按等级分，最贵的是全定制西装，纯手工缝制，为了特定的顾客量身定制，原创款式，这种西装体现了西装的最高境界，也让顾客体验了特有的高品质服务。裁缝会用自己精湛的技艺来修饰定制者体型不完美的部分，顾客会进行多次试穿反复修改并调整至顾客满意为止。一般是两件套或者三件套。全定制西服鼻祖是英国的萨维尔街（Savile Row），后来英国的西服工艺传至法国、德国、西班牙、意大利以及印度、日本。萨维尔街有世界顶级的男装裁缝。

稍逊于全定制西装的是半定制西装，这种西装会根据已有的板型进行剪裁，然后根据顾客的体型在原有板型上进行修改以适应顾客的身材。

2. 晚宴西装（Tuxedo，Dinner Jacket）

晚宴西装更注重穿着的效果，价格昂贵，最明显的特点是领子采用缎或罗缎饰面的翻驳领，裤子的侧缝也会配以相同面料的条边装饰。在晚宴西装的各种变化中，最经典的就是双排扣，丝质戗驳领，配白色半硬挺式或百叶式衬衫，带领结。晚宴西装属于 Black Tie 的穿衣规则。“黑领带 Black Tie”意味着你需要穿晚宴西装，晚宴西装的穿着时间是下午五点之后，之前则穿日间。

晚宴西装变化款

3. 运动西装（Blazer）

运动西装，长翻领，系扣（通常是八粒金属纽扣），面料结实耐用，是户外活动时穿着的外套。运动西装通常是双排扣，有袋盖（通常高度为 4.5 ~ 5.5cm），袋盖可以放入口袋里隐藏。早些时候也有单排扣款，爱德华时期，在胸袋上加了胸章的运动西装成为部分英国公立学校的制服，也是英国海军军官长款制服外套演变而来的款式。同时也是为板球，网球，划艇等运动而设计的绒布外套，是体育界和学术界人士十分喜爱的服装。

运动西装可以在不太正式的场合穿。此外，它被设计成可独立穿着的西装，没有与之匹配的裤子，也不是套装的一部分。款式、面料、颜色和图案也比传统套装更加多样化，结实厚重的面料都可以使用，如灯芯绒、麂皮、斜纹布、皮革和粗花呢。

起初，运动西装是人们休闲时穿着的服装，人们穿着它进行狩猎等户外运动。随着时间的推移，运动西装后来被穿用在比较正式的场合，有时也会被当做校服使用。运动西装通常也作为制服穿着，如航空公司、学校和游艇和赛艇俱乐部。

运动西装

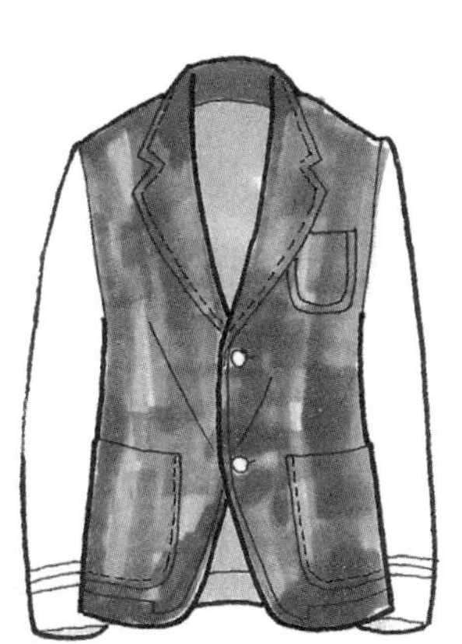

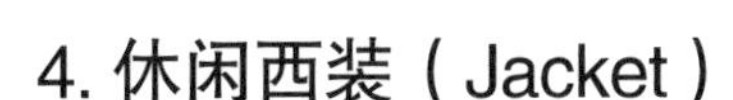

4. 休闲西装（Jacket）

休闲西装，也称夹克西装，是一件款式为单排扣或双排扣的及臀上衣，搭配背心和长裤，可以由花呢等多种面料制成。第一次世界大战后正统的福瑞克外套（Frock Coat）和晨礼服（Morning Coat）成为历史，休闲西装也就是我们现在俗称的西装（便装西服）被大众普遍接受，成为人们的日常服。休闲西装采用更加舒适柔软的无肩垫设计，款式也从宽松款式变为合体的款式。

晨礼服特点：从前身一直延续到后背的弧形下摆，服装的边缘采用与服装面料不同的面料进行滚边处理。

休闲西装

休闲西装

休闲西装

休闲西装

5. 校服夹克（School Uniform Jacket）

校服夹克特点是西服领，三粒纽扣，夹克长度较短。一般将其归于休闲西装类。

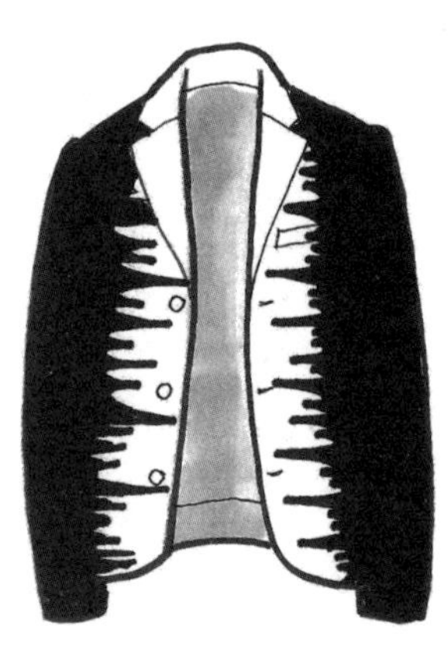

6. 变化款西装（Jacket Variation）

变化款西装在保有西服基本要素的情况，拓展了更多局部或细节上的变化。

变化款西装

变化款西装

变化款西装

变化款西装

变化款西装

变化款西装

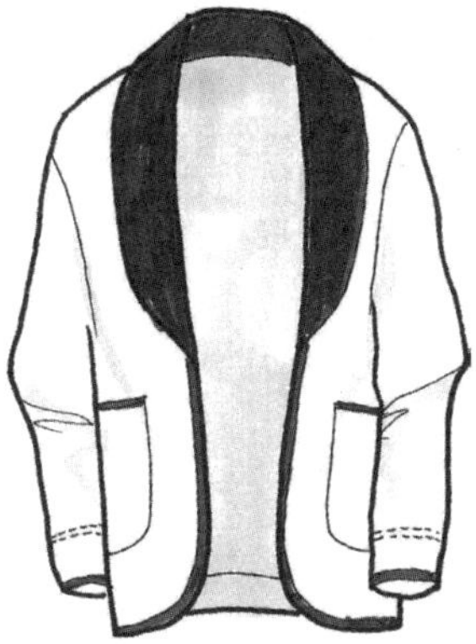

变化款西装

变化款西装

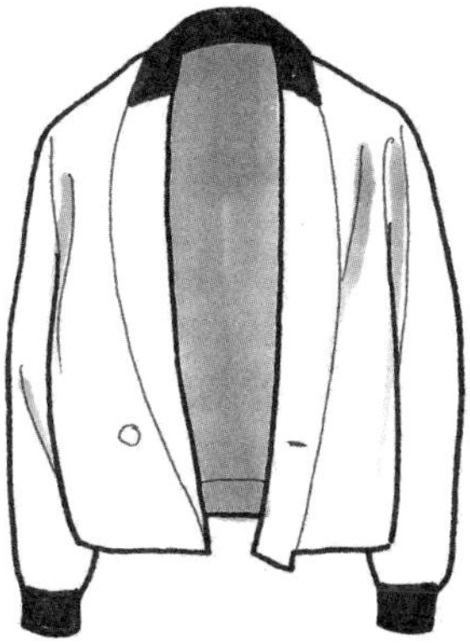

变化款西装

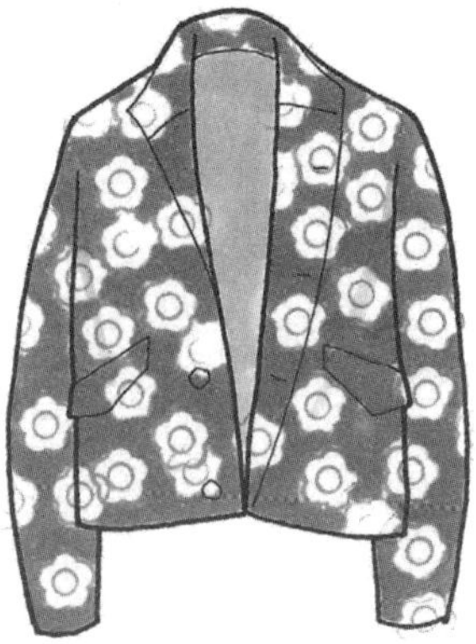

变化款西装

第二章　外套大衣

外套大衣是一种男女都可穿着的既保暖又时尚的长款服装。外套大衣通常是长袖前开襟，会使用纽扣、拉链、钩扣、棒形扣或腰带。有些外套大衣会有肩章的独特设计。

1. 派克大衣（Gent’s Parka）

派克大衣是源于爱斯基摩人的后代因纽特人的传统服饰，主要使用毛皮制成防水保暖的连帽外套，最初的内衬毛皮通常是驯鹿皮或海豹皮，连帽能帮助因纽特人抵御狩猎时北极的严寒和强风，

有些因纽特人还会将他们的大衣用鱼油做防水涂层来加强衣服的耐水性。派克大衣通常长及膝盖，帽子部分有可抽紧的拉绳，门襟底层是拉链，外层是按扣。派克大衣只是因为 *VOGUE*（服饰与美容杂志美国版）当年的一次北极专题报导，这款大衣便迅速走红，于是成为了秋冬季常见必备常服。

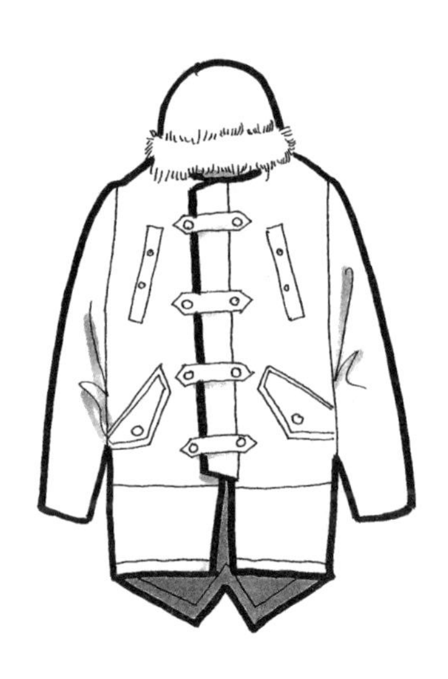

2. 达尔夫大衣（连帽粗呢大衣）（Duffle Coat）

达尔夫大衣最易于识别的就是水牛角纽扣的使用，粗呢（Duffle）面料厚重，保暖性好，经久耐用。达尔夫大衣的领部、带盖的大口袋和环形套扣边缘的固定都使用皮革装饰，有帽子。水牛角纽扣通过皮质环形套扣进行固定很方便，即使是在寒冷的甲板上戴着手套也很容易操作。达尔夫大衣原本是第一次世界大战时英国皇家海军的制服，第二次世界大战时普及作为所有英国海军的制服。这个服装款式在战后成为大众喜爱的大衣款式直到今日。

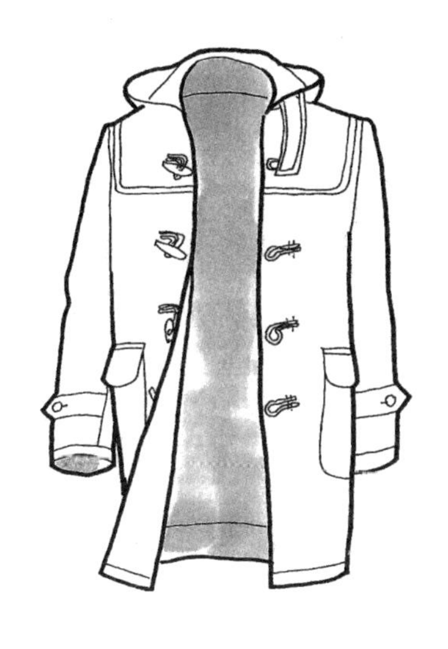

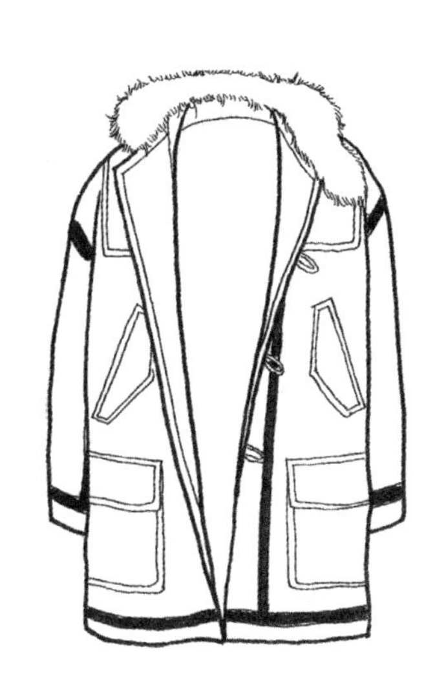

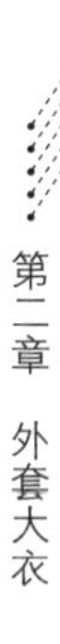

3. 克龙比大衣（The Crombie）

克龙比大衣，面料采用质地厚重的上等深色羊毛，单排扣（有时暗门襟），直筒剪裁，窄驳头设计，中长款，衣长至膝盖上部。

优质的面料能御寒防风，这也使其在军队中备受青睐，随着生活水平的提高，冬季驾车出行不必穿着特别厚重的服装，所以克龙比大衣推出了轻便款，克龙比大衣逐渐在男性的衣橱中占一席之地，也是许多国家政要的常备款。

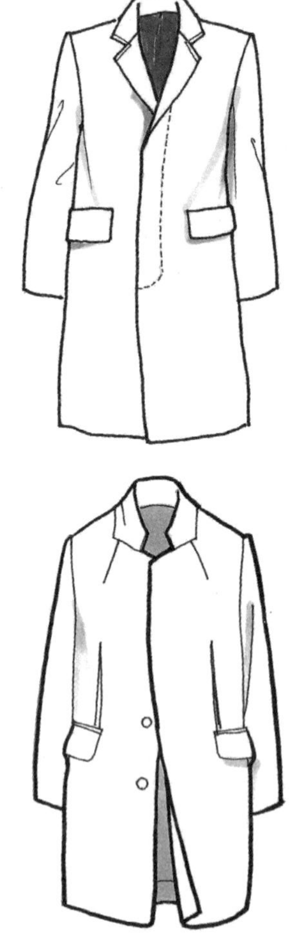

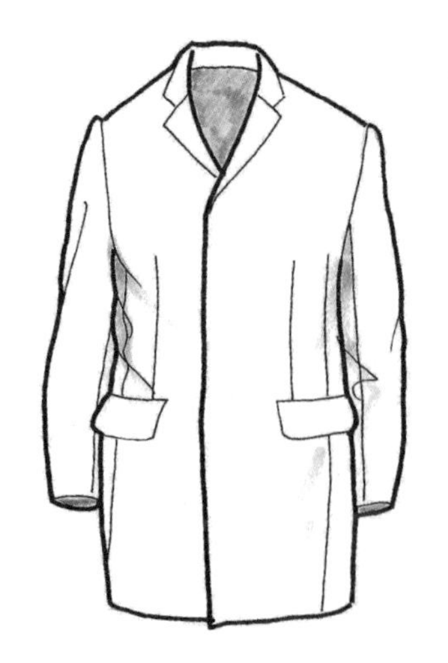

克龙比大衣

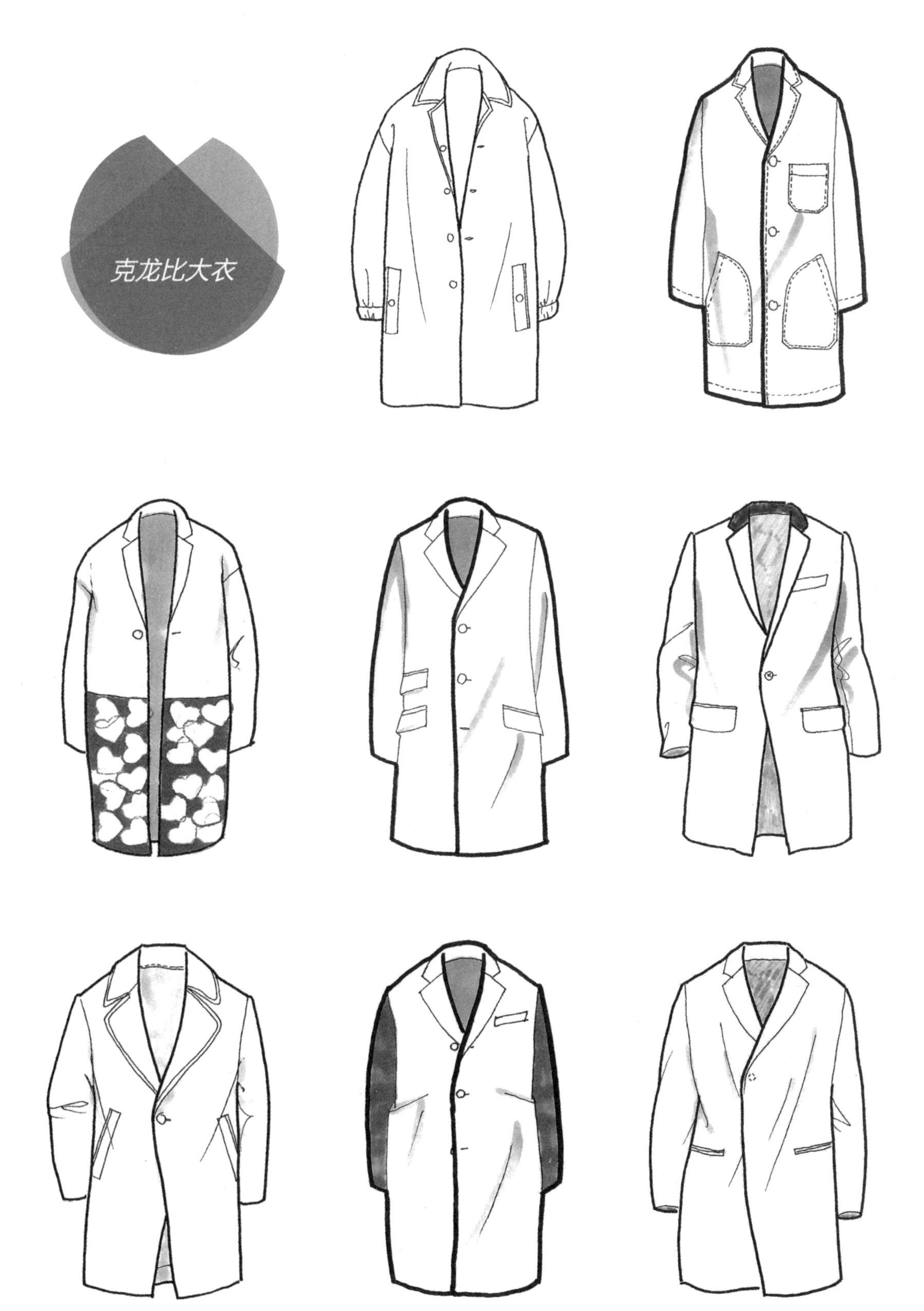

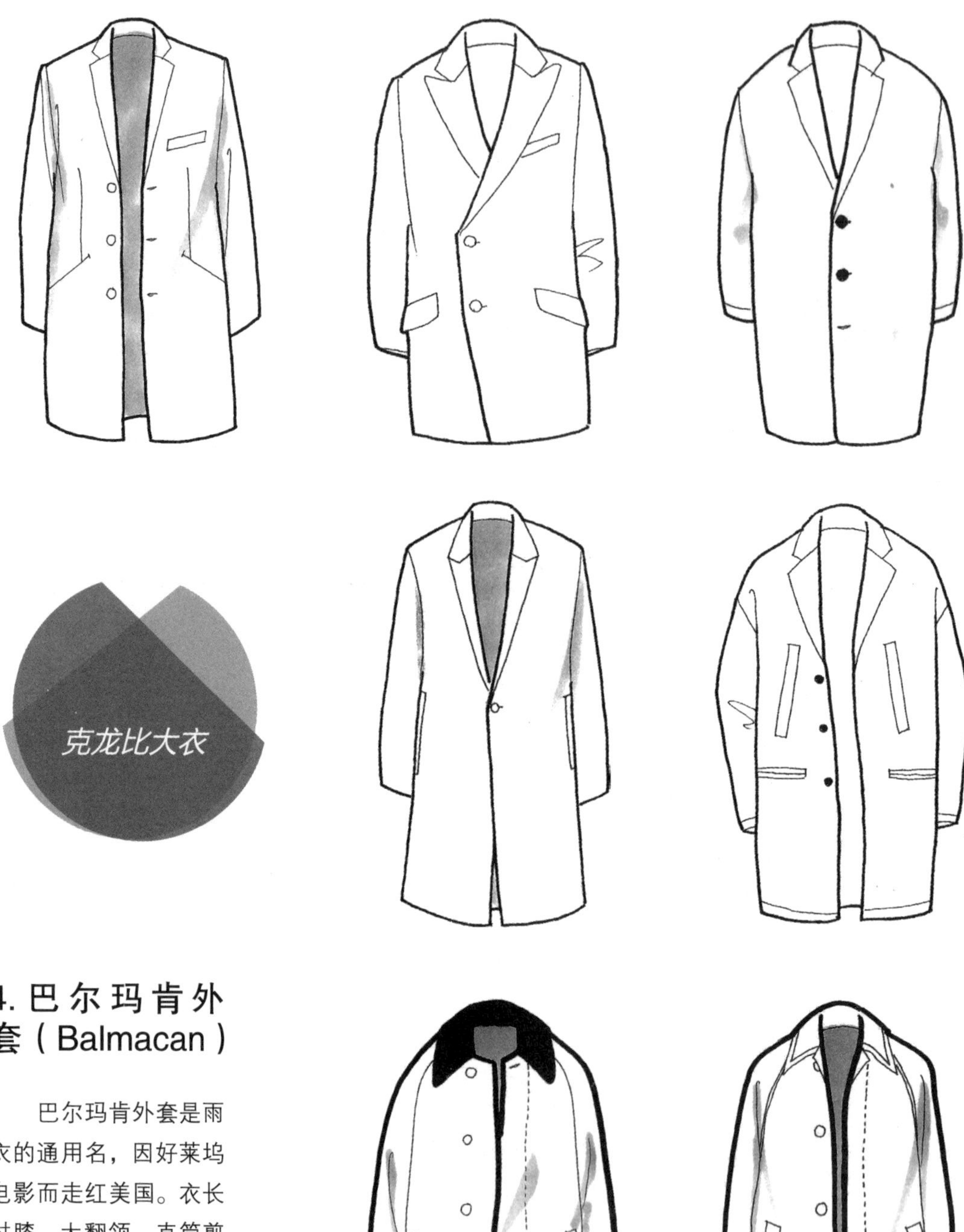

4. 巴尔玛肯外套（Balmacan）

巴尔玛肯外套是雨衣的通用名，因好莱坞电影而走红美国。衣长过膝，大翻领，直筒剪裁，插肩袖，因为防雨所以成了男性衣橱的必备单品，是既有型又有功能性的大衣。

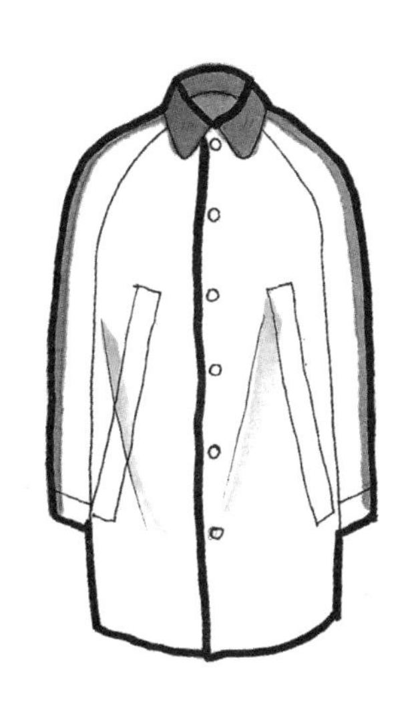

巴尔玛肯外套

巴尔玛肯外套变化款

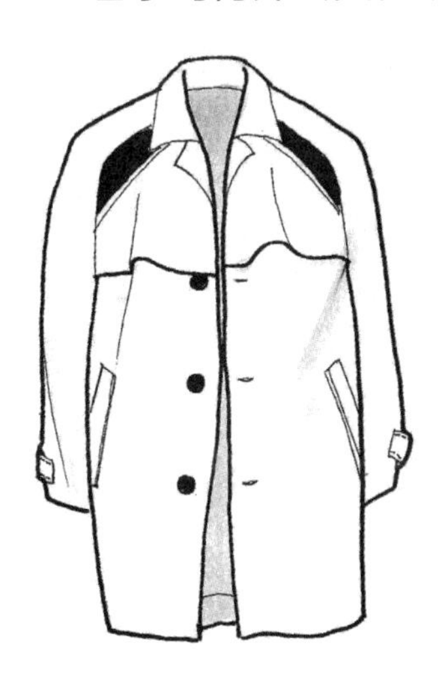

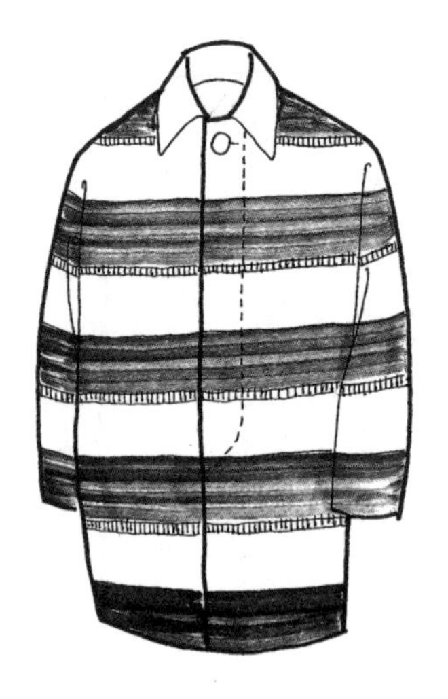

5. 双排扣海军外套（Peacoat）

羊毛短款外套，双排扣（通常采用大颗的木质、塑料或金属的纽扣），加高的领子，宽驳领，有垂直或倾斜的口袋。双排扣是为了在船上工作的船员能更好地抵御寒冷和大风，防止船员在拉动绳索时对身体造成伤害，颜色是海军蓝色，耐脏耐用。最早是欧洲的水手穿着，后来被美国海军采用。

双排扣海军外套

6. 堑壕外套（Trench Coat）

堑壕外套是由防水重型棉华达呢或皮革或府绸制成的雨衣。一般有可拆卸的隔热衬里，插肩袖。经典款有不同的长度：既有紧贴脚踝的最长款，也有到膝盖之上的最短款。堑壕外套最早出现在英国，主要是牧羊人或农民用来防风雨用，在第一次世界大战期间，这种乡间的防风雨服被士兵穿用，在泥泞的战壕中挡风遮雨。

传统上堑壕外套有双排扣，前胸十粒纽扣，宽翻领。通常在腰部有腰带，也常有肩带和纽扣，肩部的风衣披原本是为抵挡住步枪枪托的袭击，今天成了让雨水从身体两侧流走的用途。颈部的锁扣、手腕处的系带、背部的防雨罩的细节都让堑壕外套成了抵御坏天气的首选外套。这些细节在军事方面都有实用的功能。虽然新版本有许多颜色，但传统堑壕外套的颜色仍是卡其色。堑壕外套凭借好莱坞男星亨弗莱·鲍嘉（Humphrey Bogart）在电影《卡萨布兰卡》中的人物形象，给穿着者增加了一种神秘感。

堑壕外套

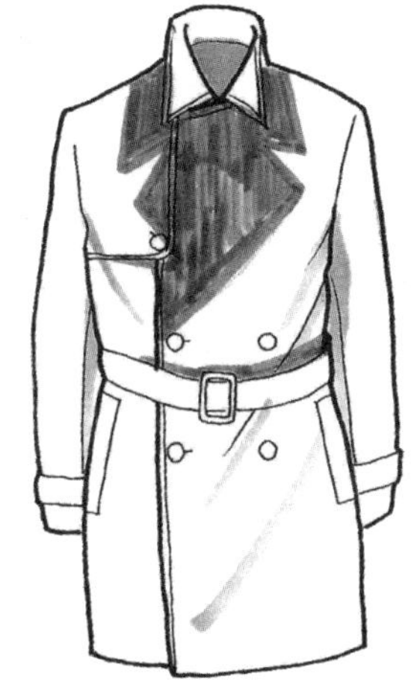

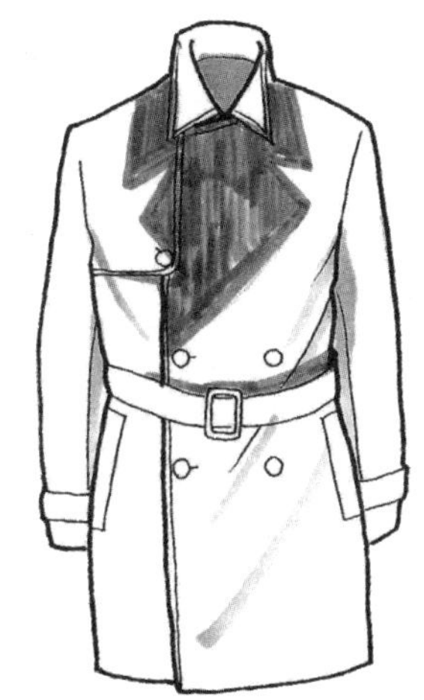

堑壕外套变化款

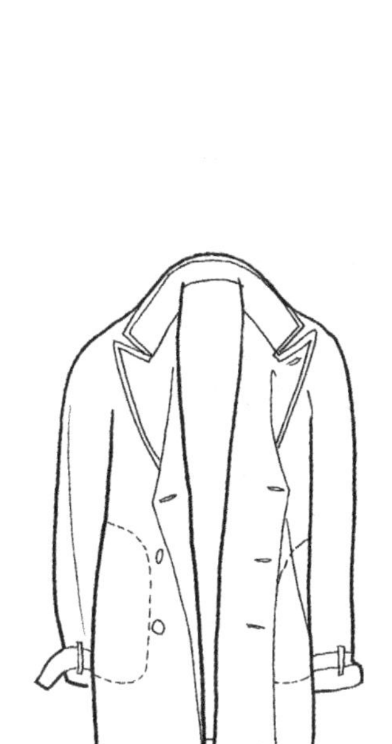

堑壕外套变化款

7. 柴斯特外套(Chesterfield Coat)

柴斯特外套的特点是门襟有单排扣和双排扣两种选择，翻领部分会使用黑色天鹅绒面料。正统的柴斯特外套是在正式晚礼服外面穿着的大衣，暗门襟，双侧口袋有袋盖，胸部有手巾袋，有腰省，后背有开衩。

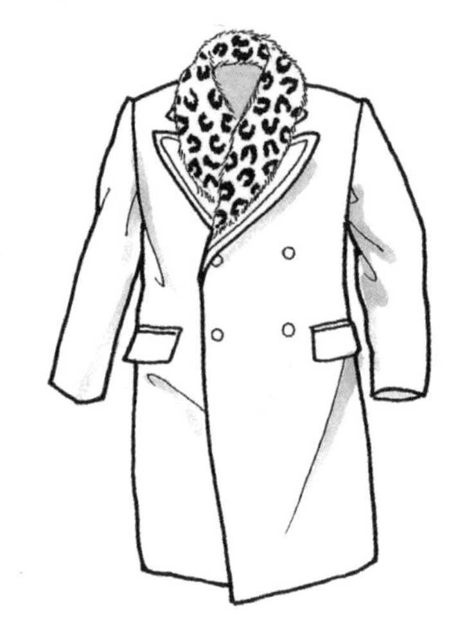

柴斯特外套变化款

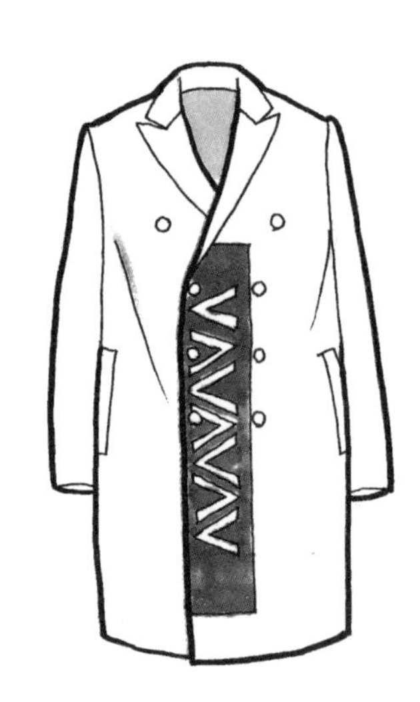

8. 马球外套（Polo Coat）

马球外套是阿尔斯特外套与达尔夫外套款式结合而产生的新款式，前胸的大贴袋也突出体现了这两款外套口袋做法的结合，新的一种马球大衣专用的复合式贴袋出现了。戗驳领设计，门襟采用双排扣，袖口有带扣的袖克夫，马球外套最经典的颜色是驼色。

阿尔斯特外套与柴斯特外套同样正式，阿尔斯特外套侧重于防寒保暖功能。阿尔斯特外套出现的时间晚于柴斯特外套。因为两种外套都是英国制造，所以款式上有许多相似之处，如都是有袋盖的大口袋，腰部有腰型处理。阿尔斯特外套面料防风厚重，有大翻领设计，双排扣。

9. 阿拉斯加外套衍生款大衣（Alaska Coat Variation）

这种大衣是达尔夫大衣与达拉斯加外套的结合而产生的款式。

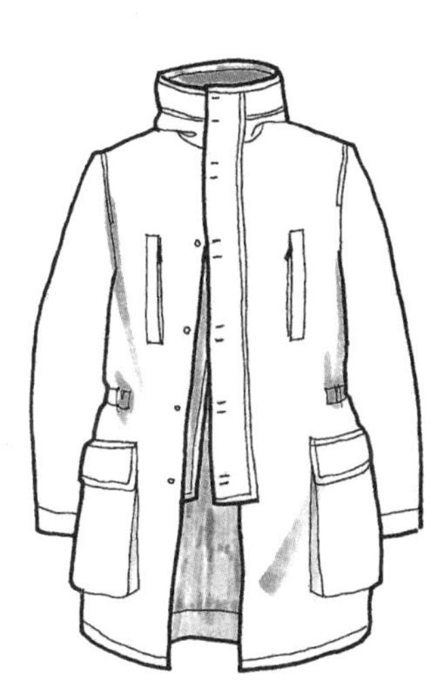

10. 泰洛肯大衣(Tie-locken Coat)

泰洛肯大衣是堑壕外套与巴尔玛肯外套的融合款，腰部系带，采用无纽扣设计。大衣采用直线造型，看上去与阿尔斯特外套极为相似。

11. 假两件大衣（False Two Coats）

假两件这种设计方法大量出现在男装与女装设计里，通过用两种不同款式服装的结合而给人一种穿了两层衣服的错觉。结合的方法有长短款式的结合，风格迥异款式的结合，不同材质面料的结合等。假两件大衣中有许多大胆新颖的款式结合，不但体现了设计师的创意，也体现穿着者对独特穿衣风格的追求。

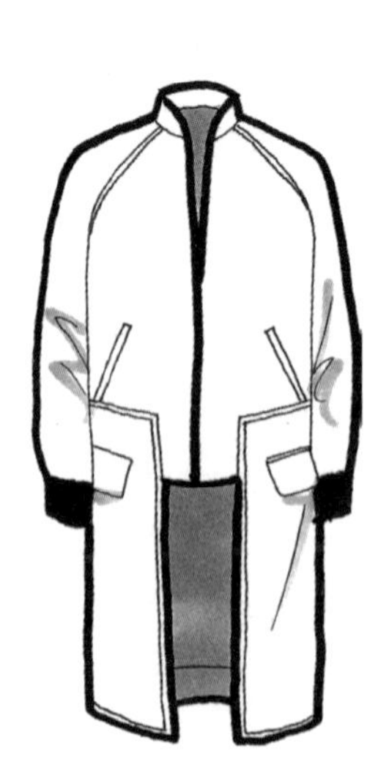

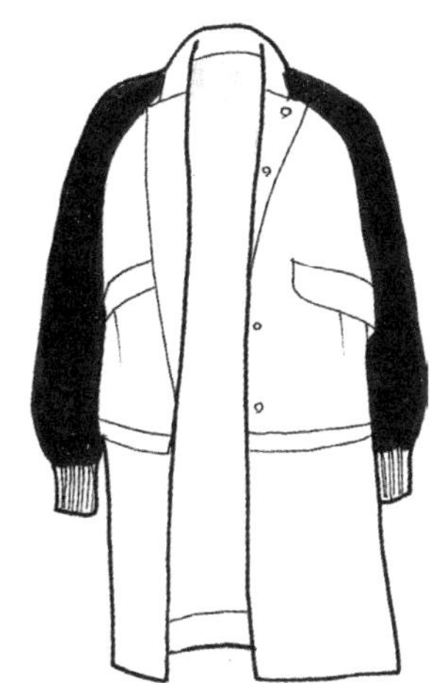

假两件大衣

假两件大衣

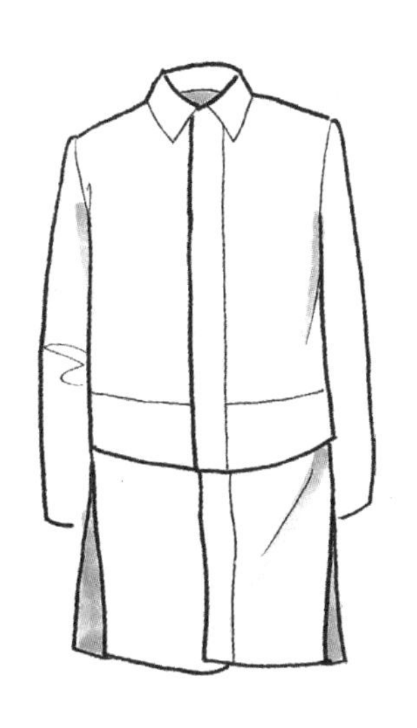

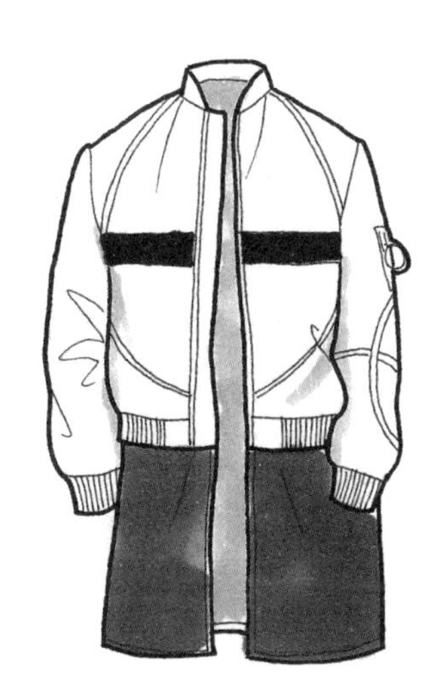

12. 运动大衣（Bench Warmer）

运动大衣体现了运动的特点，款式宽松，有连帽设计，多采用拉链，面料使用针织面料或防风雨保暖材料，是在运动场上防寒保暖的必备品。

运动大衣

运动大衣

运动大衣

13. 斗篷式大衣（Cloak）

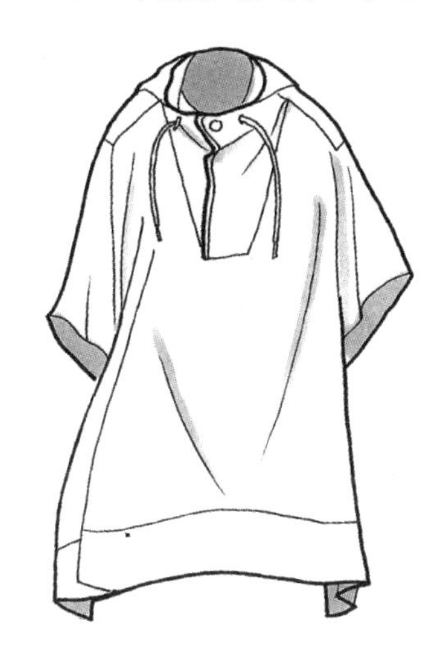

14. 变化款大衣（Coat Variation）

变化款大衣

变化款大衣

变化款大衣

变化款大衣

变化款大衣

变化款大衣

变化款大衣

变化款大衣

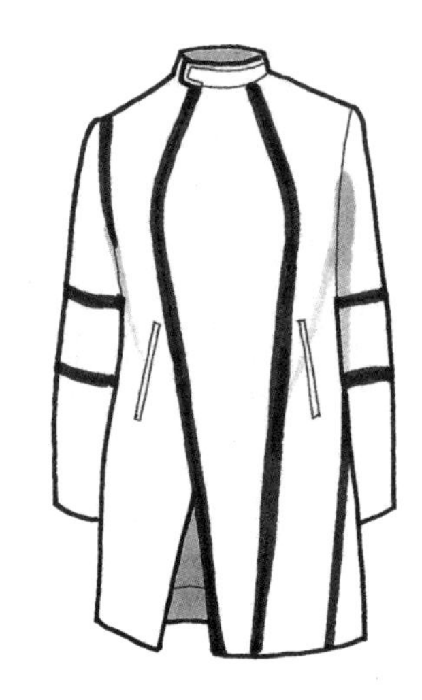

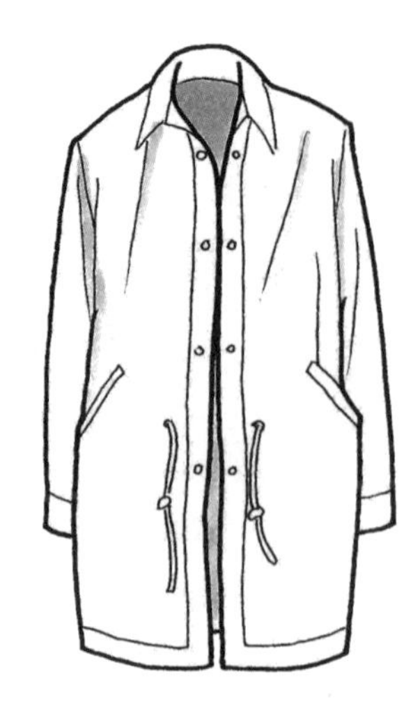

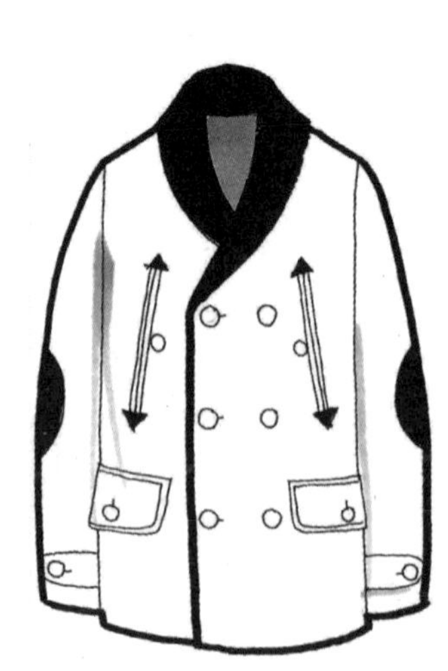

变化款大衣

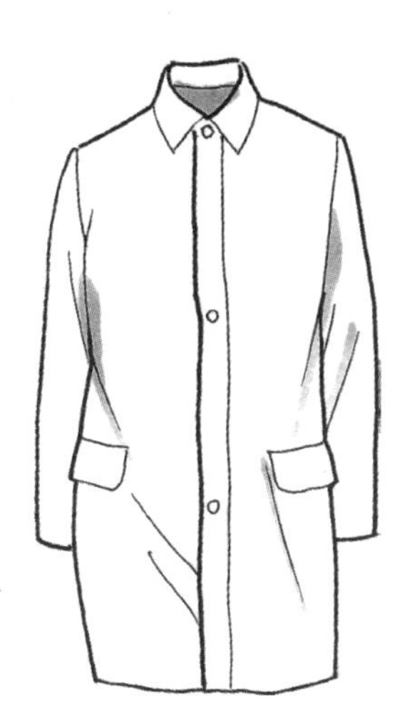

变化款大衣

变化款大衣

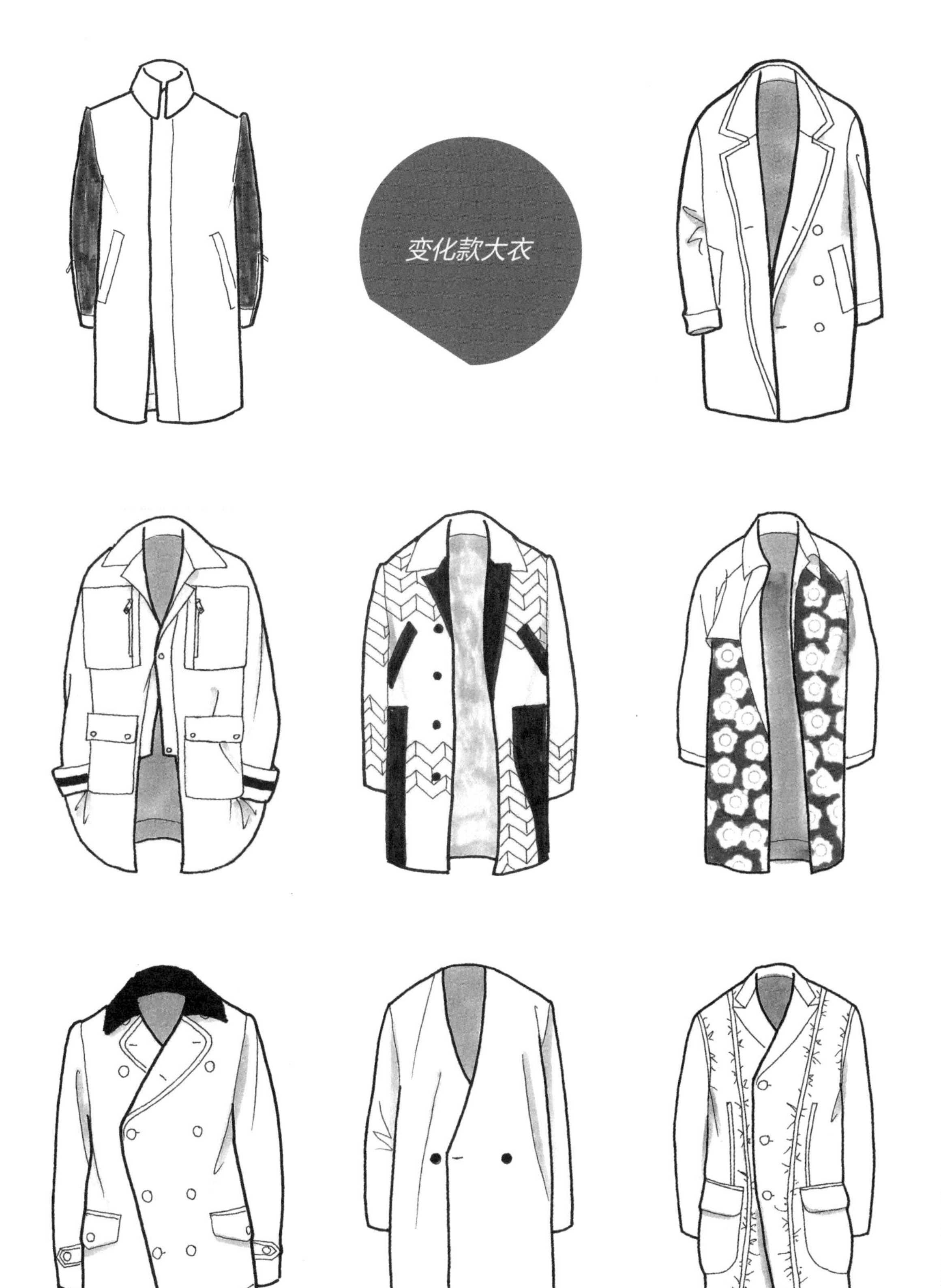

变化款大衣

变化款大衣

变化款大衣

变化款大衣

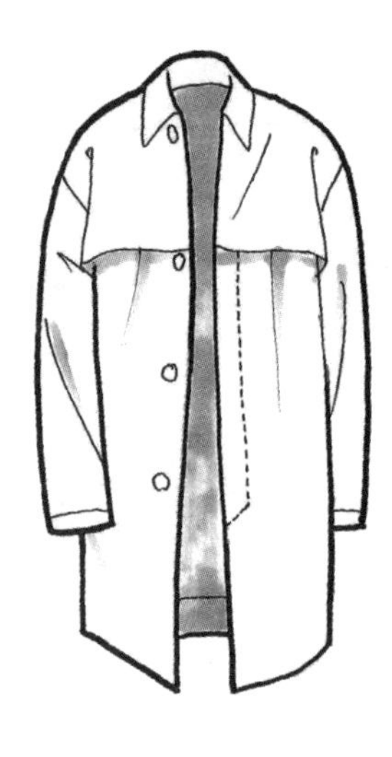

变化款大衣

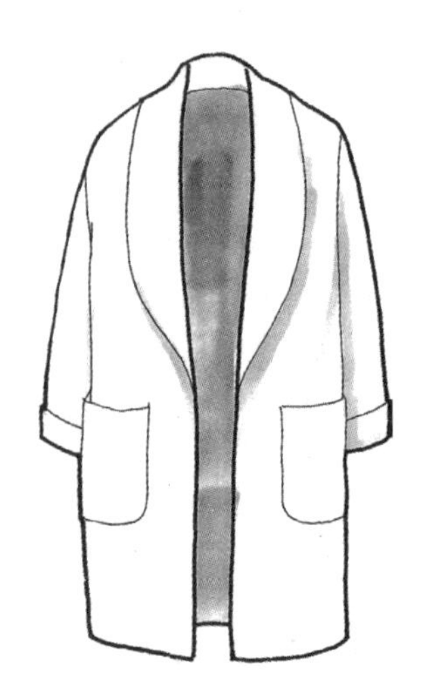

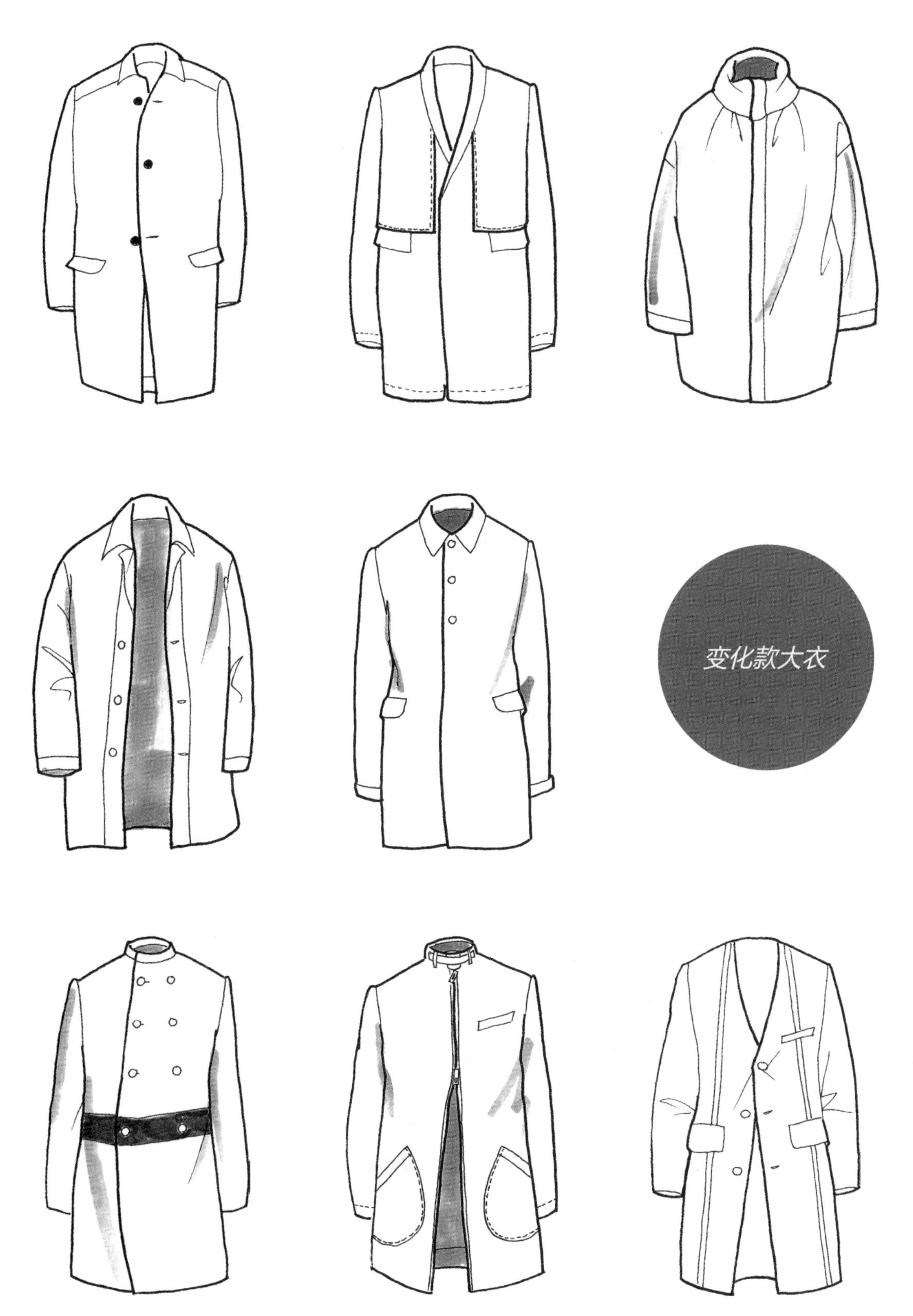
变化款大衣

变化款大衣

变化款大衣

变化款大衣

变化款大衣

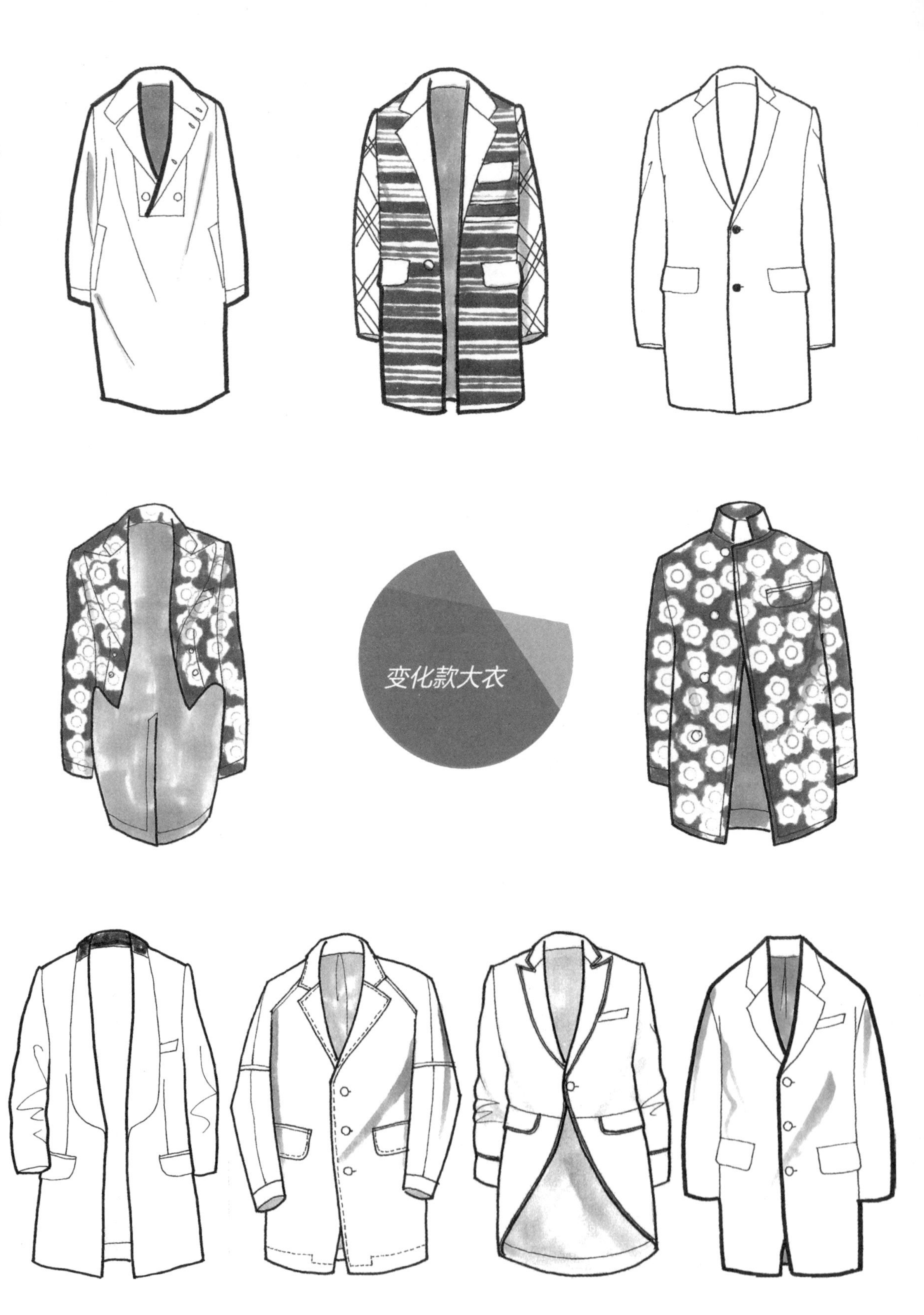
变化款大衣

第三章　夹克

夹克也称防风外套或者高尔夫夹克，成为许多西方国家男性领导人的最爱，在美国更是如此。这种款式不仅在美国空军中有一席之地，而且也是许多制服的首选，从工人到消防员、警察、快递员等。

夹克是短款外衣，轻便合体，防水，前门襟采用拉链，适合各个年龄层的人穿着。

1. 飞行员夹克（Flight Jacket）

飞行员夹克最初是为飞行员设计的一款夹克。后逐渐成为流行文化和日常装的一部分。飞行员夹克是短款上衣，可长及臀部，种类很多。飞行员夹克设计目标之一是抵御空中的寒冷，采用挡风的尼龙面料，填充保暖的棉花。这种夹克有两个款式，MA-1 和 MA-2，两款的差别就在服装的领部，MA-1 领口是弹性螺纹面料，MA-2 领口是用与衣身同质的面料制成的翻领。衣服都采用弹性螺纹松紧下摆和袖口。早期的 MA-1 有袖袋以及胸卡的设计，还有用来与飞机设备固定的胸带，后来 MA-1 夹克去掉了这些细节，把夹克的衬里换成了鲜艳的橘黄色。

2. 牛仔夹克 (Denim Jacket)

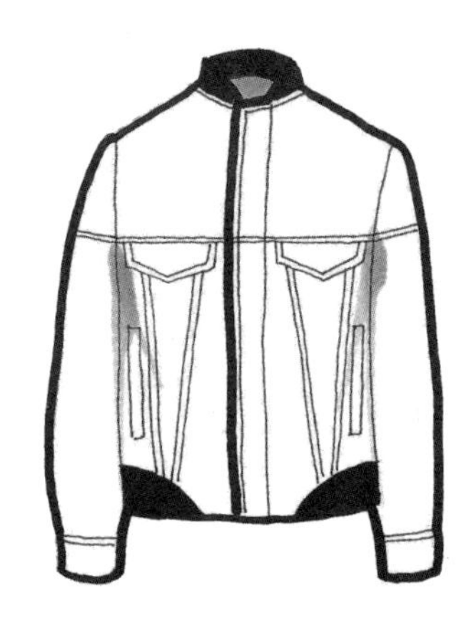

牛仔夹克的出现紧跟着牛仔裤的脚步，与牛仔裤一样，牛仔夹克也是工人群体的主要服装。后来逐渐被艺术家、牧场劳动者、户外工作者和摇滚人士所喜爱。标准款牛仔夹克裁剪宽松，前胸有两个大号口袋，金属扣，两条缝纫线从口袋向下延伸至腰部，衬衫式长袖克夫（Cuff）设计源于艾森豪威尔夹克（Eisenhower jacket）。牛仔夹克以其中性的不分职业的特点得到青睐。许多人成了牛仔夹克的粉丝，约翰·列侬（John Lennon）就是其中的著名粉丝之一。

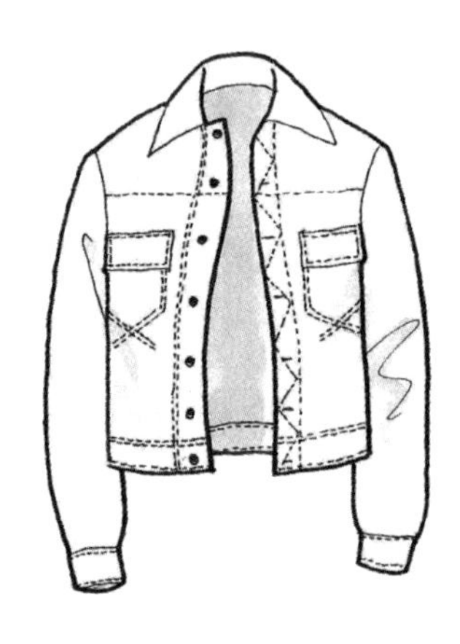

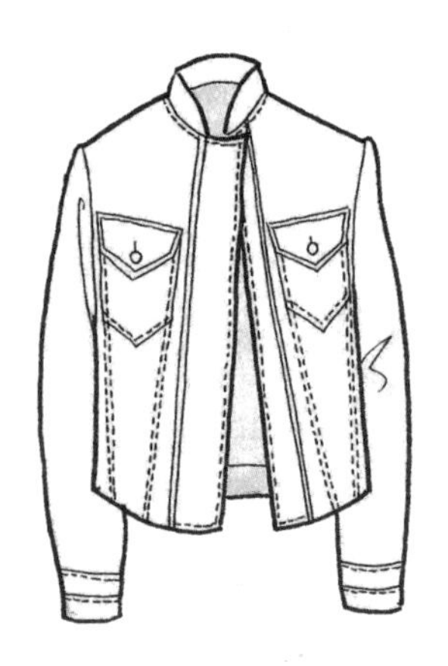

艾森豪威尔夹克

第二次世界大战爆发后，盟军司令艾森豪威尔经常穿着的短夹克军装而后被称为艾森豪威尔夹克。艾森豪威尔夹克采用翻领设计，颈部活动更加自由，衣长缩短，成为最短的夹克。V 型领口，胸部有大贴袋，袖口是衬衫式袖克夫，前门襟采用暗扣。第二次世界大战结束后艾森豪威尔夹克并没有流传下来，其款式在牛仔夹克中发扬光大。

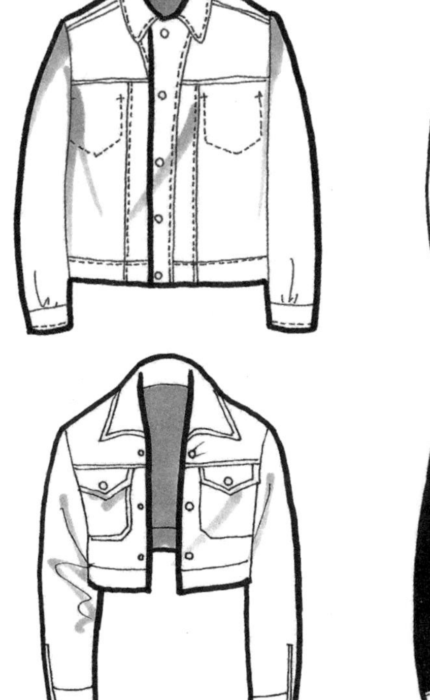

3. 牧场夹克（Ranch Jacket）

牧场夹克是牛仔夹克的衍生款，也是西部文化最彻底的体现。其特点是取消了从口袋贯穿至腰线的 Y 型明线，取而代之的是特别有实用性的大贴袋。另外有斜插袋的设计便于暖手。

牧场夹克

4. 机车夹克（Motorcycle Jacket）

机车夹克多采用深色皮料，前胸放置倾斜的铝制拉链，领子可翻可立，领角处有收紧用的暗扣装饰，整体廓型简洁笔挺，在腰部有可拆卸腰带的细节处理，袖口有拉链，可以调节袖口的肥度，多个口袋设计（垂直开口、横开口、斜开口等），这种款式的夹克是无数摩托车骑行爱好者的首选服装。许多时装款机车夹克在衣服的肩部或前胸部配有大量的铆钉或流苏，让机车夹克体现了具有摇滚狂野的一面。马龙·白兰度（Marlon Brando）更是因其在电影中的坏男人造型引起了一股抢穿机车夹克的风潮。

5. 棒球夹克（Baseball Jacket）

棒球夹克有强烈的美国校园文化特点，又被称为校园夹克或者球场夹克。这种夹克最早是球场上替补运动员在上场前保暖穿用的夹克，后来逐渐受到青少年的欢迎。棒球夹克最明显的特点是袖子与衣身的颜色不同，而且袖子还会采用不同于衣身的面料，为的是增强袖子在运动中肘部的耐磨度。前胸会有明显的Logo，衣领、袖口与衣服下摆处会使用弹力罗纹面料，前门襟为了运动时脱穿方便而改用暗扣。

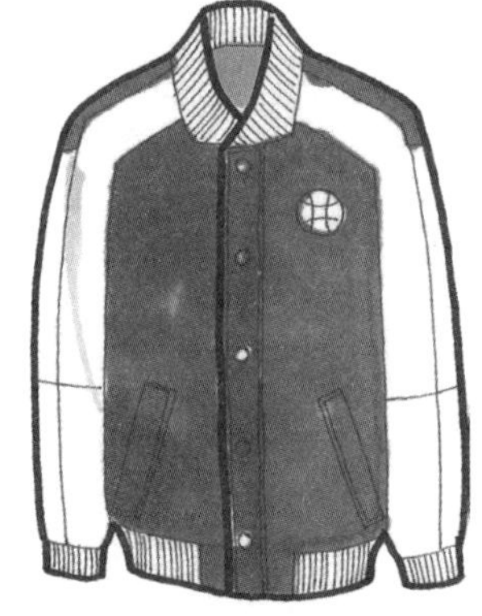

6. 投弹手夹克（Bomber Jacket）

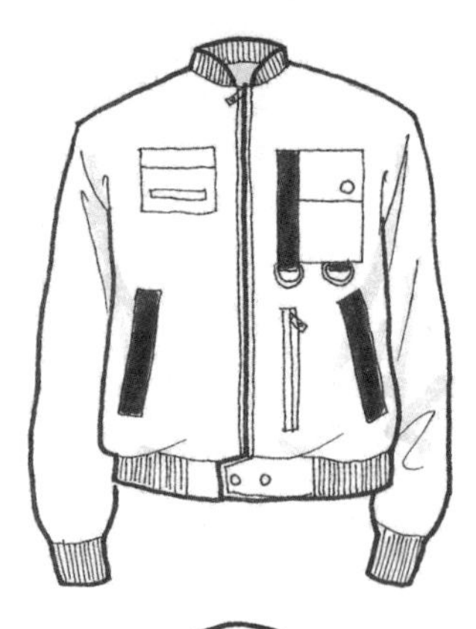

投弹手夹克是一款休闲短夹克，来自战斗机飞行员，有翻领，拉链，夹克的袖口和底围为松紧式收口，常在夹克的前片配以倾斜的口袋，这种夹克作为休闲装延续至今。

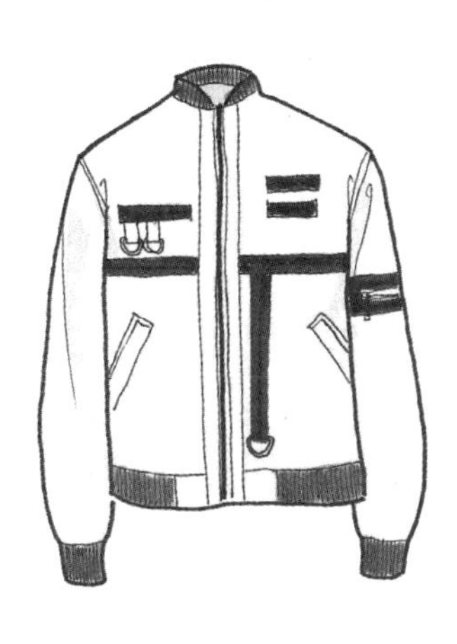

7. 坎袖夹克（Sleeveless Jacket）

坎袖夹克就是没有袖子的夹克，是现在春秋两季而非常流行的款式。

坎袖夹克

坎袖夹克

8. 斗篷（Cloak）

斗篷是以保持身体温暖为目的的外衣设计。防雨斗篷是用防水材料制成以保持身体干爽。目前被认为是典型的南美服装。

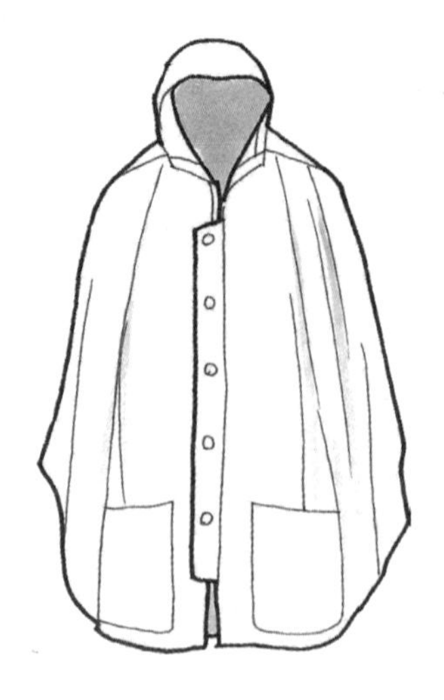

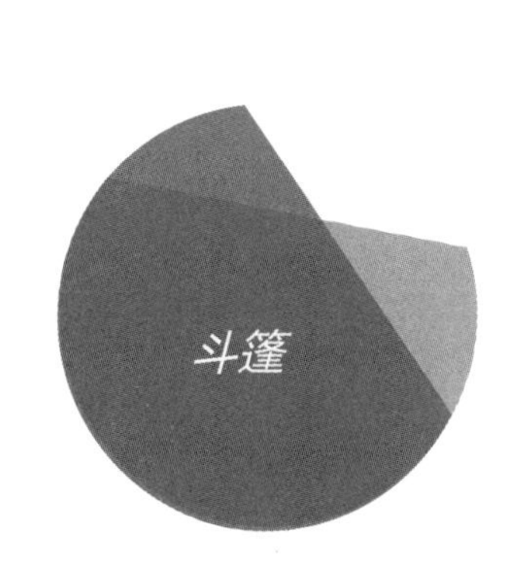

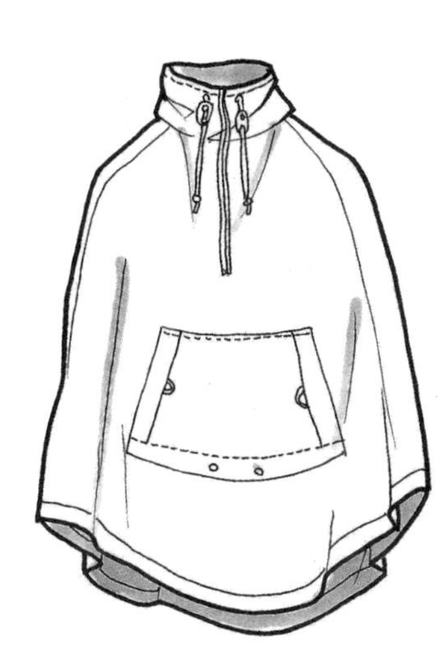

9. 猎装夹克（A Safari Jacket）

猎装夹克最初是专为在非洲丛林狩猎而设计的服装。与长裤或短裤搭配，就变成了狩猎套装。受到非洲干热气候的影响猎装夹克通常选用轻薄棉料或薄府绸，传统色是卡其色，款式是衬衫与巴布尔（barbour）风格（见14）的结合，腰部配有独立腰带，有肩章，有四个或更多的大风琴口袋。优秀的功能性，使其成为一款来自美国的有英国元素的服装。法国设计师伊夫·圣·洛朗（YSL）将这款服装在T台展示，使其成为休闲时尚的经典款。

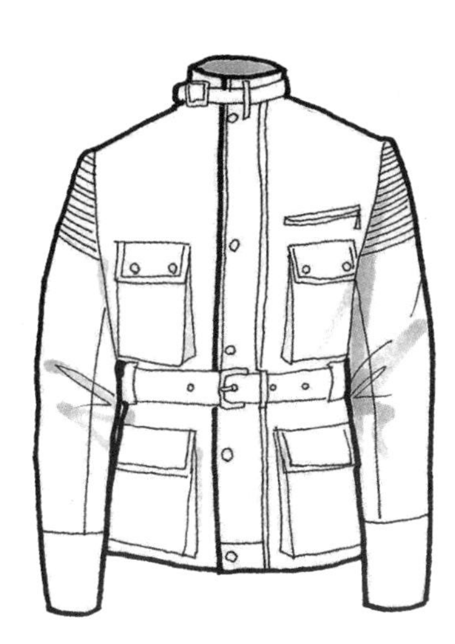

10. 战地夹克（Field Jacket）

战地夹克最经典的三个款式，分别是M–43、M–51和M–65，三款服装有不同的特色，同时也代表了不同的战争年代。长及大腿，前胸有大口袋，V字型领口。几款夹克的不同变化均是来自于特殊的战斗环境：为抵御战场寒冷的气候而进行面料加厚的M–51；为防潮而更换成透气性更好面料的M–65，M–65还采用了拉链，领子里藏有帽子，腰部有束带，袖口处可收紧，更加挡风保暖。

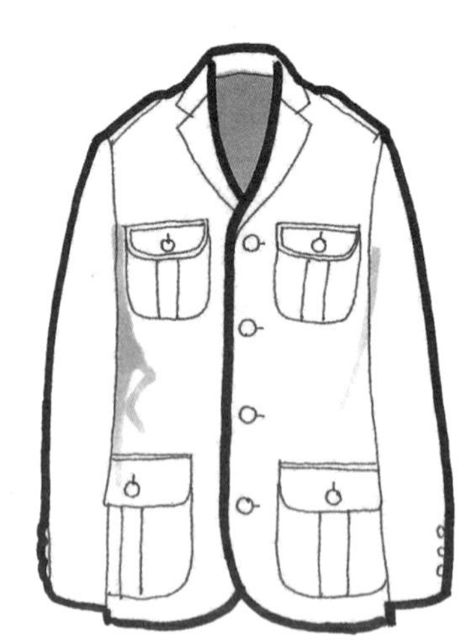

11. 插肩袖短夹克（Raglan Jacket）

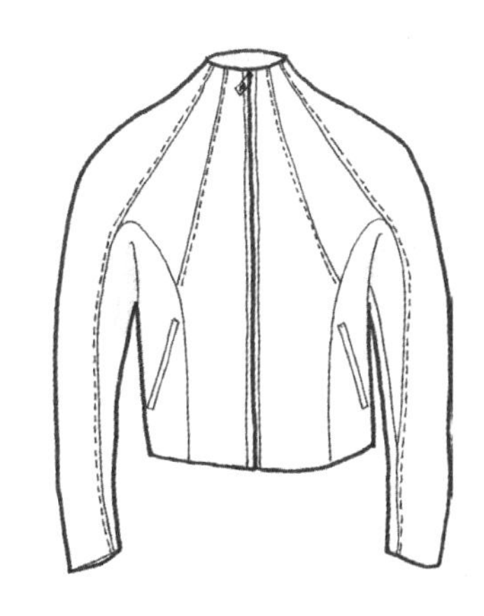

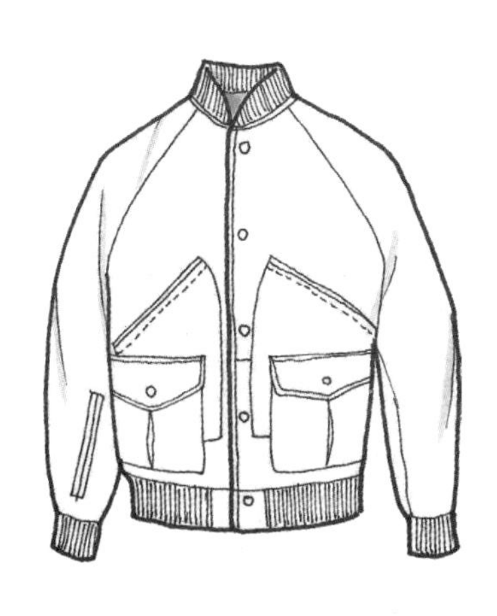

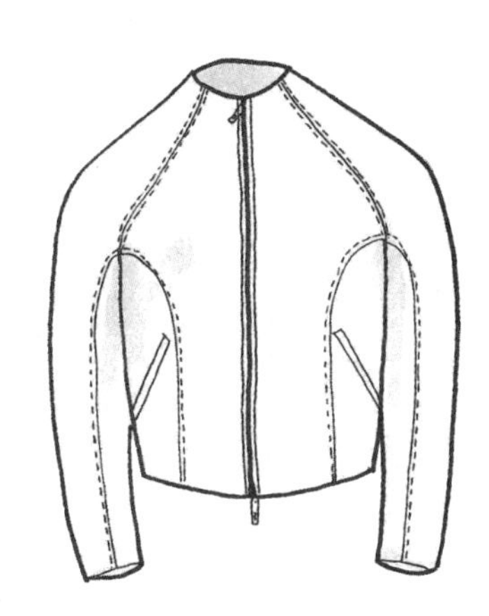

插肩袖短夹克

12. 大衣款短夹克 (Coat Short Jacket)

夹克的款式受到大衣款式的影响而产生，这些夹克是大衣的缩短款，局部也进行了修改，整体效果简洁干练。

大衣款短夹克

13. 工作夹克（Work Jacket）

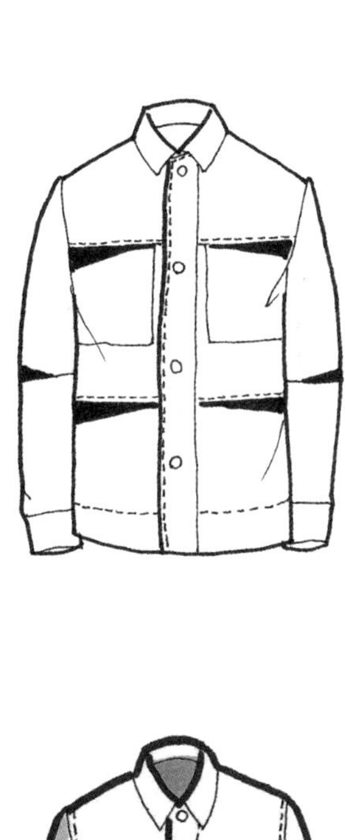

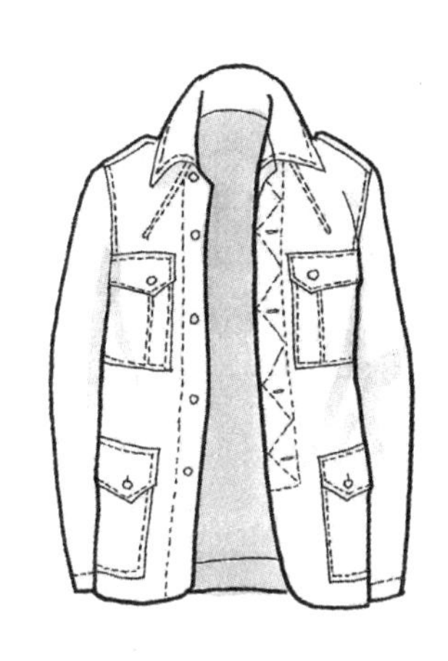

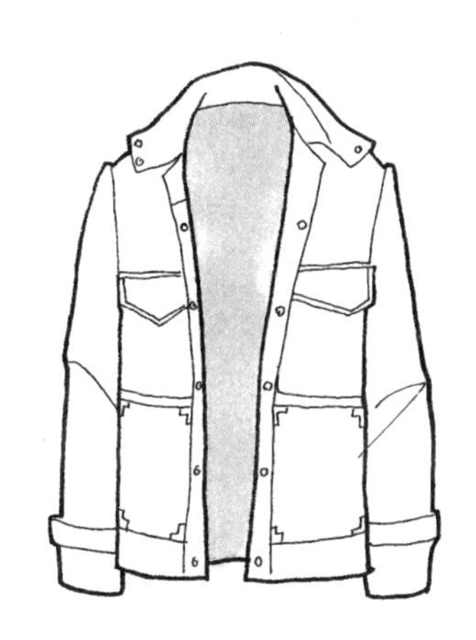

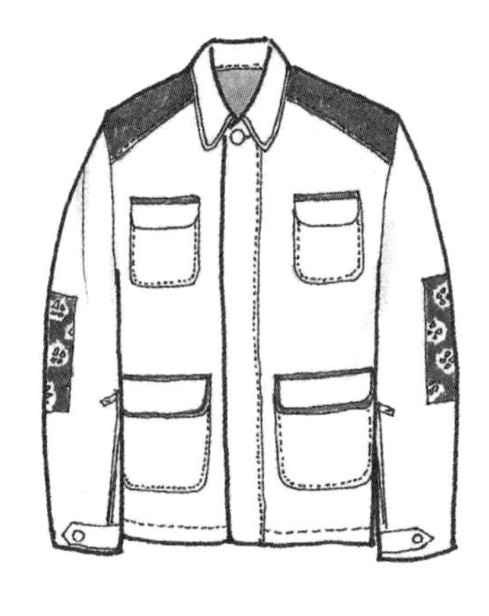

工作夹克

14. 巴布尔夹克（Barbour Jacket）

巴布尔夹克又称为谷仓夹克（Barn Jacket）由早期的一种钓鱼者夹克演变而来，配有两个大号风琴袋，也是由于原来渔民捕鱼时方便将渔具放入口袋而设计的。衣服的整体特点是箱式剪裁，前门襟采用铜质双头拉链，灯芯绒大翻领，面料为适应英国湿冷的天气而做石蜡防水处理使面料更加紧密，从而起到了保暖，防潮的作用，有着很浓重的乡村生活气息。最初只有灰绿色，后来这种颜色也成为巴布尔夹克最经典的颜色，后来款式上又增加了两个暖手口袋及尼龙衬里。

今天，这款服装不仅代表一个乡村绅士的形象，而且成了功能性和户外时尚的代表。

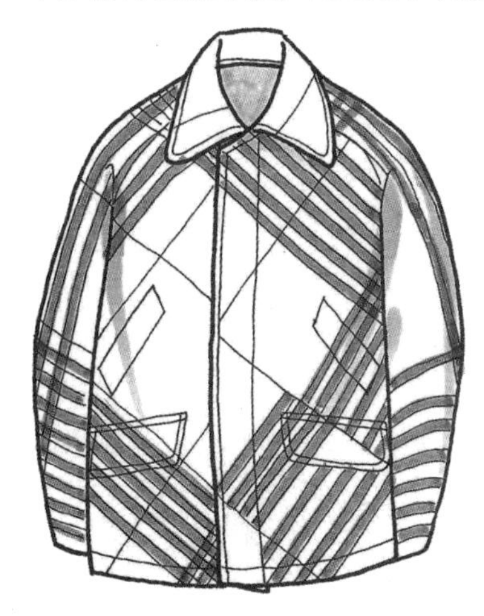

15. 绗缝夹克（Quilted Jacket）

使用有夹层的纺织物，使里面的棉絮或其他材料固定在面料下面。绗缝棉的特点是密度厚、保暖性强，而且美观大方，比普通棉工艺复杂很多。绗缝的线迹有菱形格、方形格、米字格和竖条等缝法。

绗缝夹克

绗缝夹克

16. 立领短夹克（Standing Collar Jacket）

立领短夹克

立领短夹克

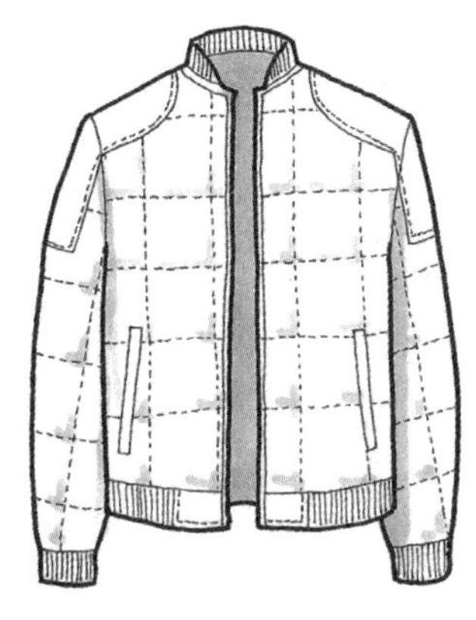

17. 皮夹克（Leather Jacket）

采用动物皮，如猪皮、牛皮、羊皮、蛇皮、鱼皮等，经过特定工艺加工成的皮革做成的夹克。

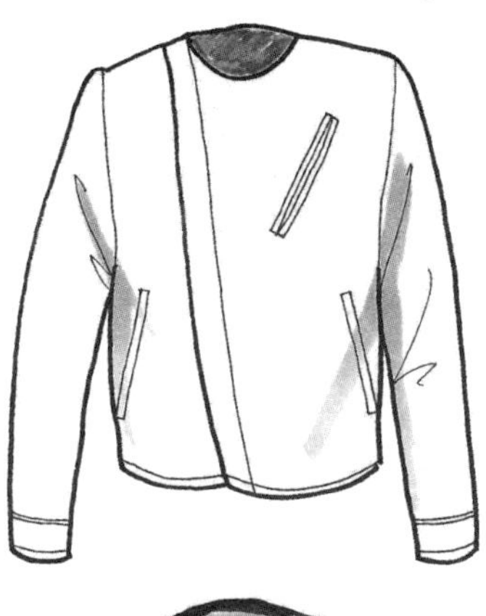

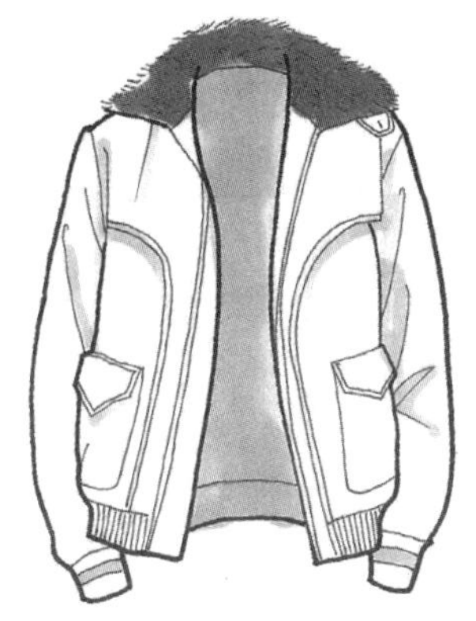

皮夹克

皮夹克

皮夹克

皮夹克

18. 运动夹克（Sport Jacket）

运动夹克是指从事户外体育活动穿用的夹克，随着体育运动的逐渐普及，运动夹克越来越受到人们的青睐。

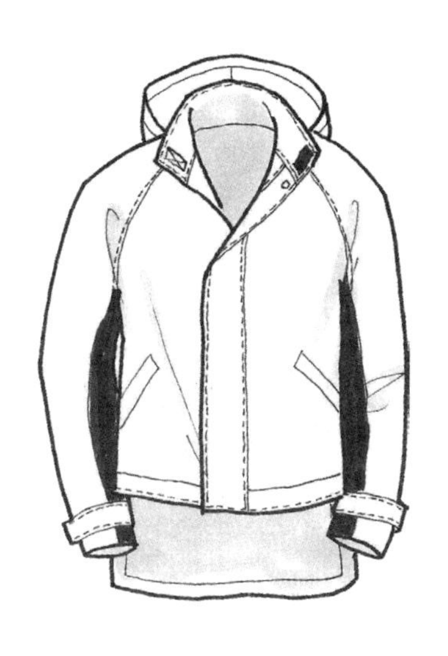

运动夹克

运动夹克

19. 变化款夹克（Jacket Variation）

变化款夹克

变化款夹克

变化款夹克

变化款夹克

变化款夹克

变化款夹克

变化款夹克

变化款夹克

变化款夹克

变化款夹克

变化款夹克

变化款夹克

变化款夹克

变化款夹克

变化款夹克

变化款夹克

变化款夹克

20. 户外服（Outdoor Jacket）

户外服种类繁多，是专门为户外运动而设计。要求适应户外特殊的环境要求，符合运动的特性，能够应对突发事件，无用的装饰细节不会在户外夹克上出现。目前户外夹克是大众体验野外生活的必备服装。对面料的要求很高，需要防雨，防风，柔软，重量轻，易于排汗，耐磨，吸湿，手感舒适。户外夹克的大胆用色也突出了运动装的特点。

户外服

户外服

户外服

第四章　衬衫和针织衫

1. 基本款衬衫（Shirt）

白色衬衫是衬衫家族的主导，直到 19 世纪中叶才出现了粉色衬衫，相继也有印花衬衫出现。早期的衬衫并没有领子，后来加上领圈，之后又在领圈的基础上加了翻领部分。在职场工作的男性衬衫基本上都是白色的，衬衫的左片在上右片在下，女式衬衫则相反。男式衬衫少数在前胸也会有省位，肩部有育克，位于衬衫的肩部，双层面料，从领口下几英寸的位置起始跨越背部与后片缝合。有的后片会有褶皱处理。前胸无口袋的衬衫较为正式。衬衫是男士衣橱中必备的经典款，衬衫是商务人士休闲着装的一种。

衬衫的材料多种多样，有夏季的亚麻、丝绸等薄料，也有秋冬季常见的法兰绒面料。条纹、波点、印花和格子为主要图案。色彩也是随意选择。

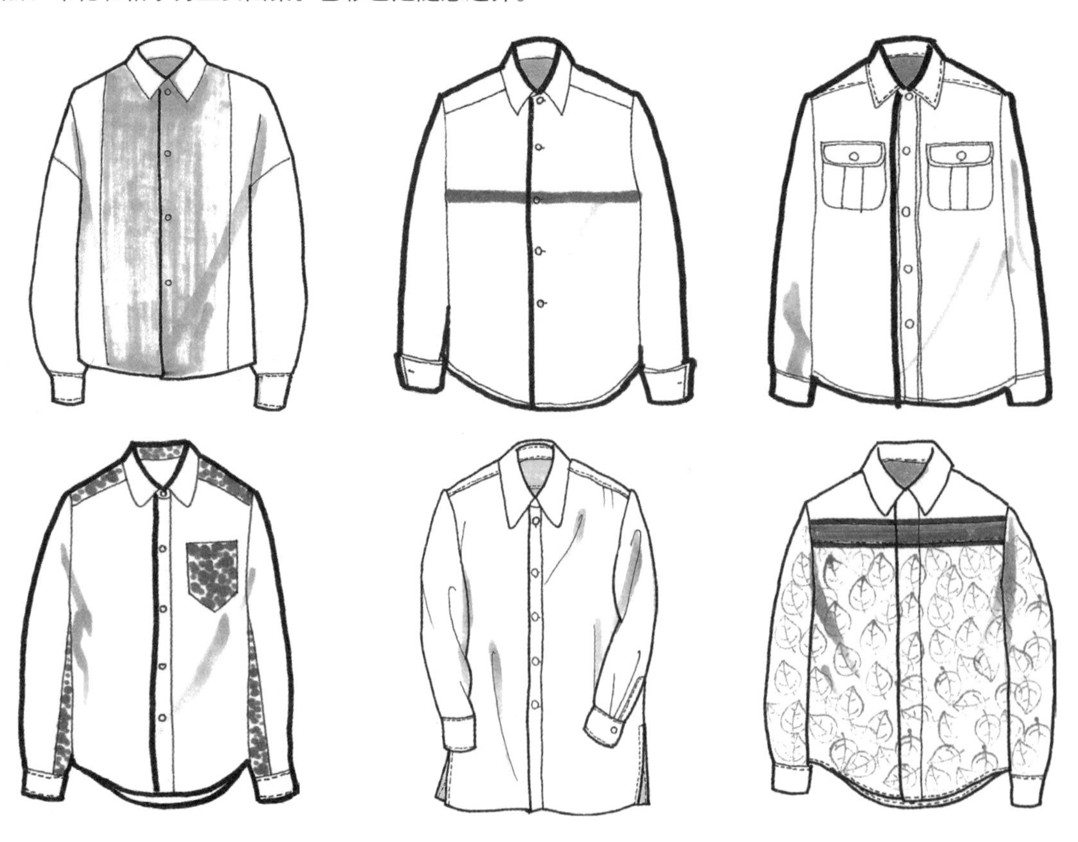

2. 育克衬衫（Yoke Shirt）

最知名的育克衬衫当属牛仔衬衫，牛仔衬衫已经不再是往日里劳动时穿着的服装，而更倾向于时尚合体的裁剪风格。牛仔衬衫不再突出浓重的野外风情，如今已经成为都市男女春秋季休闲上装。很多衬衫借鉴了牛仔上衣的育克设计，越来越多的不同造型的育克衬衫出现在不同的男装品牌当中。

育克衬衫

3. 休闲款衬衫（Casual Shirt）

休闲款衬衫

休闲款衬衫

休闲款衬衫

4. 无领衬衫（Coll-arless Shirt）

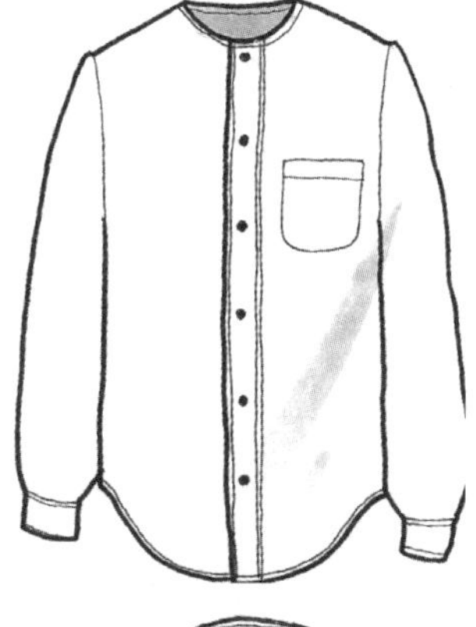

5. 短袖衬衫（Short-sleeved Shirt）

短袖衬衫

6. 变化款短袖衬衫 (Short Sleeve Shirt Variation)

变化款
短袖衬衫

7. 变化款长袖衬衫（Long Sleeve Shirt Variation）

变化款长袖衬衫

变化款长袖衬衫

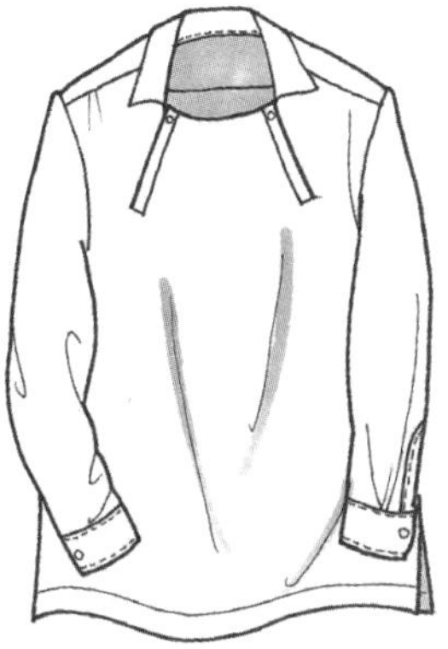

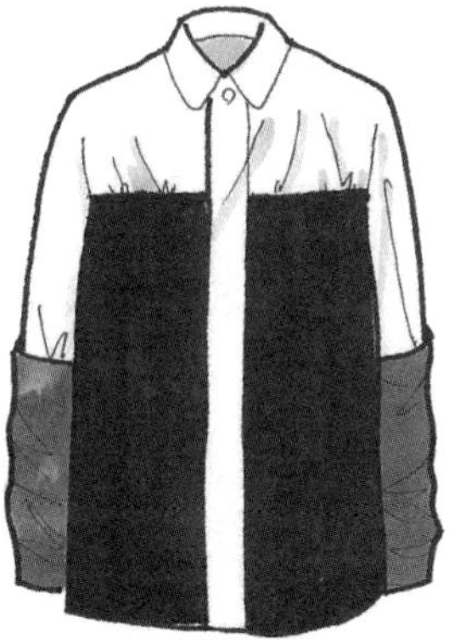

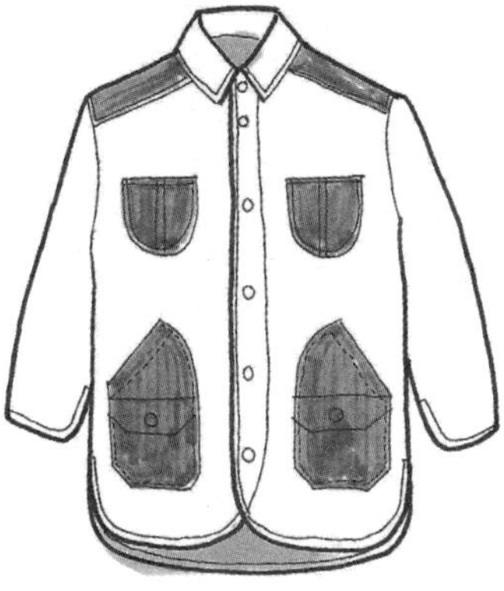

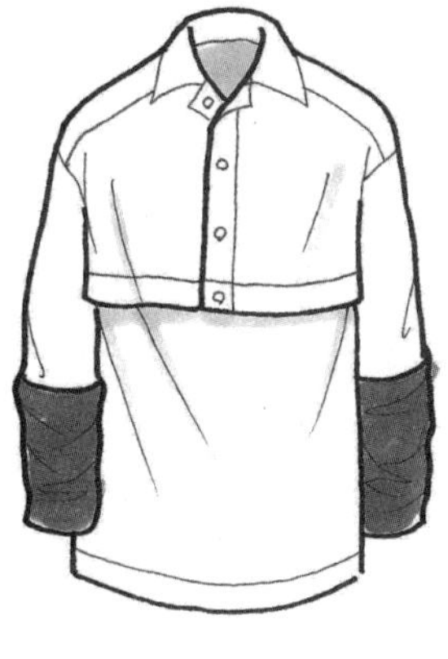

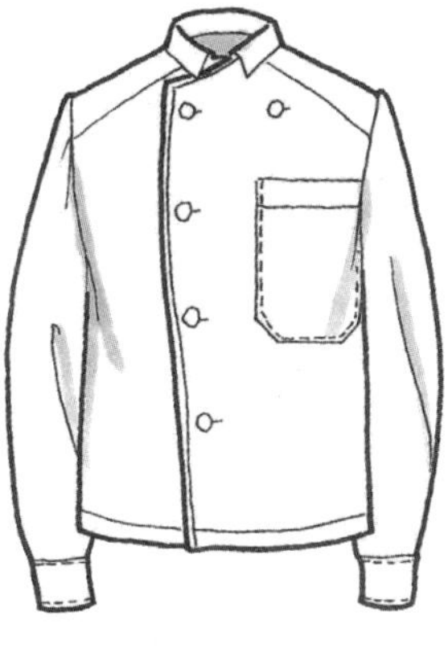

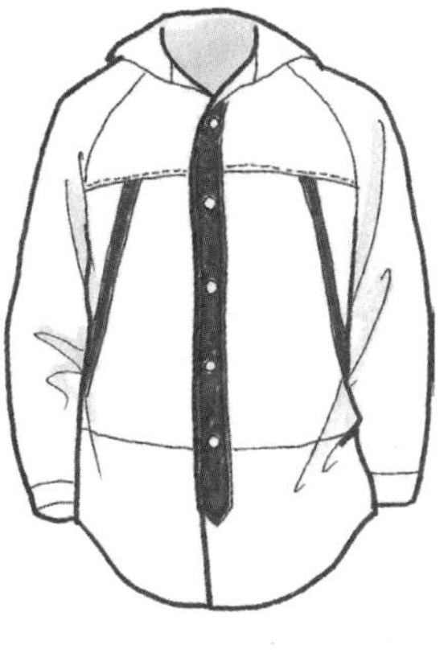

变化款
长袖衬衫

8. 卫衣（Hoodie）

卫衣（也称现代经典针织运动套衫、连帽运动衫或帽衫）是戴帽子的圆领长袖运动衫，款式来源于古老的阿诺拉克（Anorak）派克服。通常包括缝到衣服前片下部的一个左右贯通的大口袋，帽子配有可调节风帽松紧的帽绳，也可以用垂直向下的拉链，嵌花形式的缝合线，袖口和腰部是收紧的针织罗纹材料，面料采用与运动衫相同的里面有拉绒的面料。

9. 尼龙套头运动上衣（Nylon Sports Jacket）

运动装对时尚界有巨大的影响力，运动装已经渗透到人们生活的各个领域。崇尚运动、健康生活的人们投身到各种运动项目中。运动装随处可见，许多知名的运动服饰品牌也成了今天时尚的标志，许多运动使某些款式成为了休闲大众的日常款服装，如T恤衫、运动裤、棒球夹克和帆布球鞋。

许多知名运动员在退役后用自己的名字注册运动服饰品牌，这些运动员明星的品牌吸引了无数的追随者。许多品牌也会用天价聘请当红运动员做品牌代言人，电视中随处可见这种运动品牌的广告，在各种赛事中也可以看到种子选手身着其代言品牌的运动装。为了吸引更广泛的群体，影视歌星也纷纷在各种超级运动品牌的宣传中出现。

尼龙套头
运动上衣

10. 长袖运动衫（Long Sleeve Sweater）

长袖运动衫多用于训练穿着，在运动时起到保暖热身的作用。面料厚实，里层有拉绒。整体宽松肥大易于活动，领口、袖口处会使用罗纹材料，有的领口还会有V字型嵌花线迹或罗纹镶嵌，便于服装穿脱。

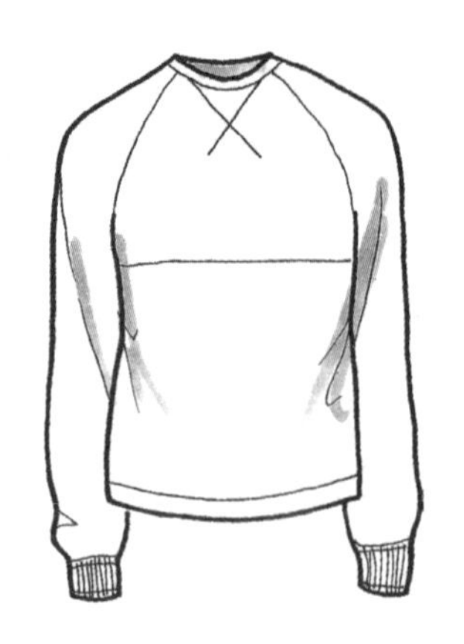

长袖运动衫

长袖运动衫

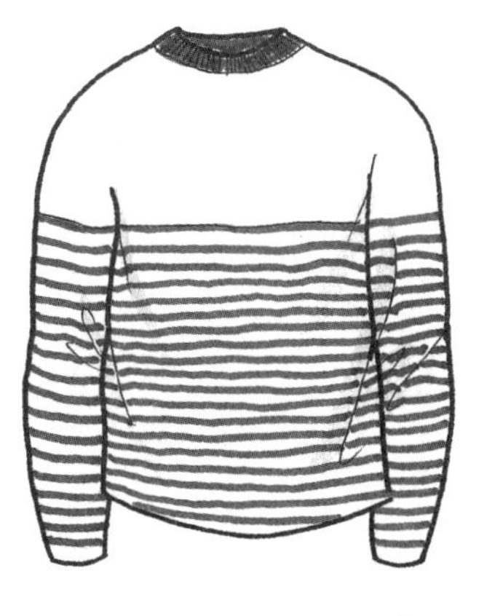

11. 短袖运动衫（Short Sleeve Sweater）

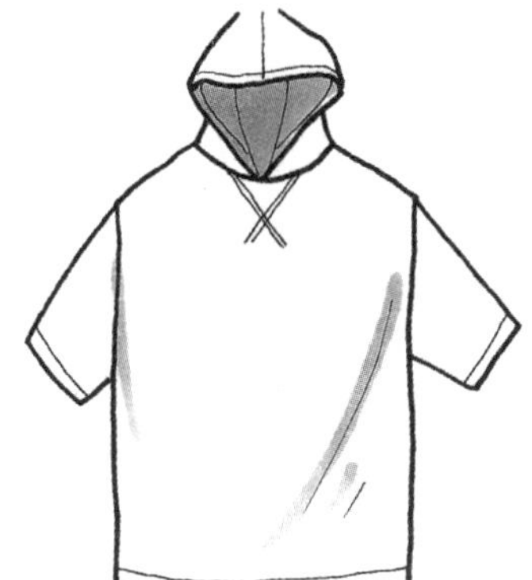

12. 棒球服（Baseball Uniform）

13. 马球衫（Polo Shirt）

马球衫也称高尔夫球衫或网球衫，最初的马球衫是为网球运动而设计的，只有白色。挺立的棱纹小领口，领子可以保护球员在长时间户外运动时不被太阳晒伤，套头T恤，前胸有三粒纽扣，有短袖和长袖，采用前片短、后片长的设计，这样衣服就不必塞在裤子里，面料通常是棉质珠地网眼针织面料或轻薄透气的平纹针织，这种织物透气性好，弹性大，吸湿性强，不需要熨烫好打理。马球衫已经成为今天夏日里不可缺少的必备款，成为了与牛仔裤一样受人们喜爱的服装。

马球衫是由法国运动员勒内·拉克斯特（Rene Lacoste）设计，也就是今天都很熟悉的“鳄鱼”品牌（Lacoste）。著名品牌有弗莱德·派瑞（Fred Perry）、拉尔夫·劳伦（Ralph Lauren）。

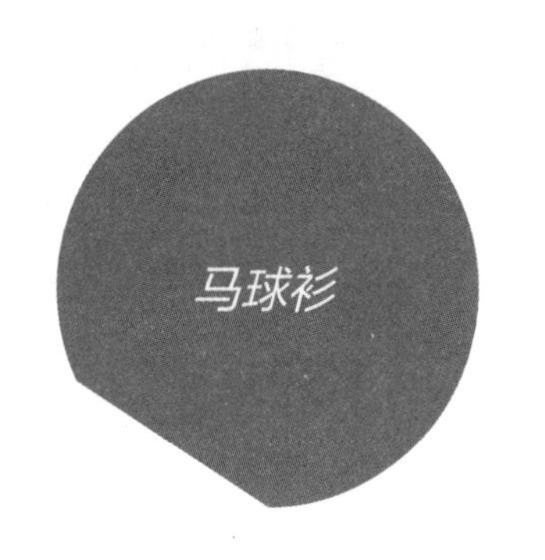

14. T 恤衫（T–Shirt）

T 恤衫目前已经成为人人衣橱都必有的一件单品。材料以棉为主，也有加莱卡和聚酯纤维，质地更加柔软。款式上有长有短，有松有紧。T 恤衫无领，领口以圆领和 V 领为主。设备高级的生产商会生产无侧缝的 T 恤衫，这种的 T 恤衫生产已经高度现代化，使用激光切割面料。许多 T 恤上印有图案、文字或数字，也会有公司把企业的 LOGO 印在上面。

T 恤衫最早是被人们当做隔离盔甲用的内穿衣，而非外穿之用。后来在 1898 年西班牙和美国战争时，由于 T 恤衫没有扣子，穿脱方便，短袖白色棉 T 恤就被穿在军人的制服下面。T 恤衫成为船员、早期潜艇和在热带的士兵常穿的服装。T 恤衫很快在工业和农业的劳动者当中流行。T 恤的材质以棉为主起到了吸汗透气的作用，易于打理，易清洗，价格便宜。T 恤衫也成为年轻男孩的首选，有各种色彩和图案可供选择。T 恤衫多为短袖，也有长袖和无袖 T 恤。

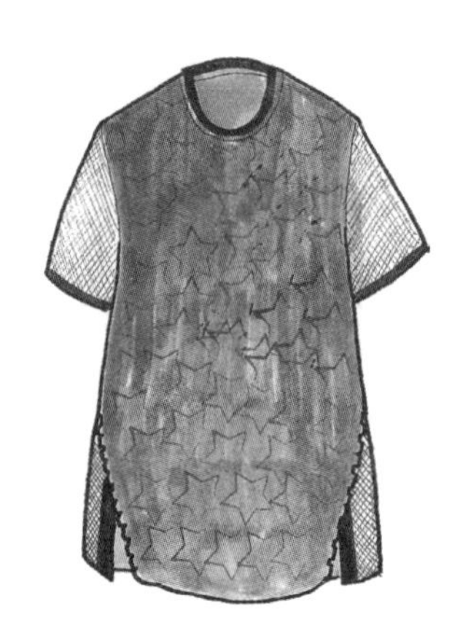

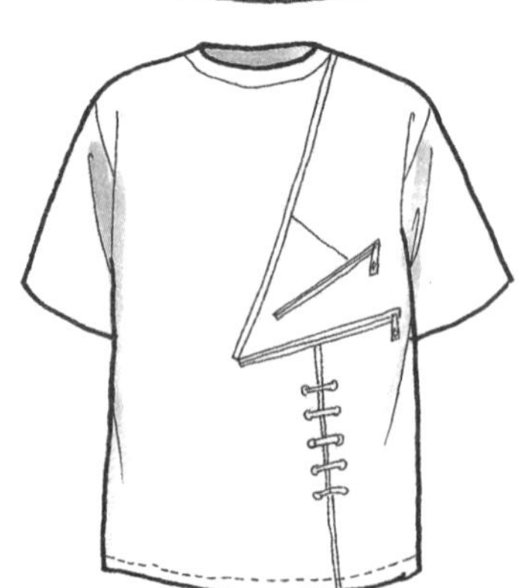

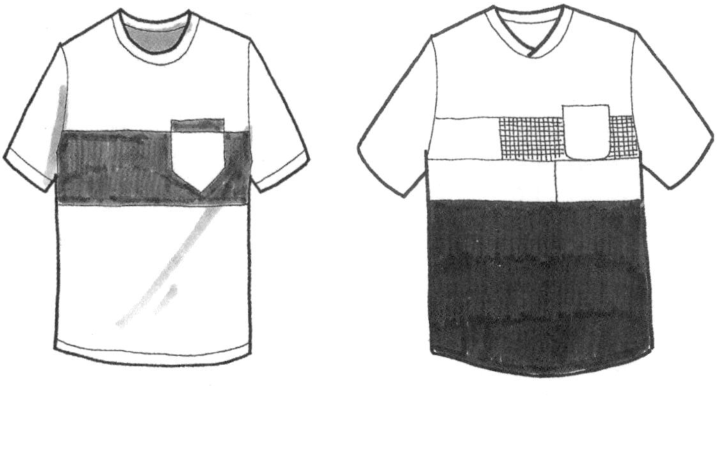

T恤衫

T恤衫

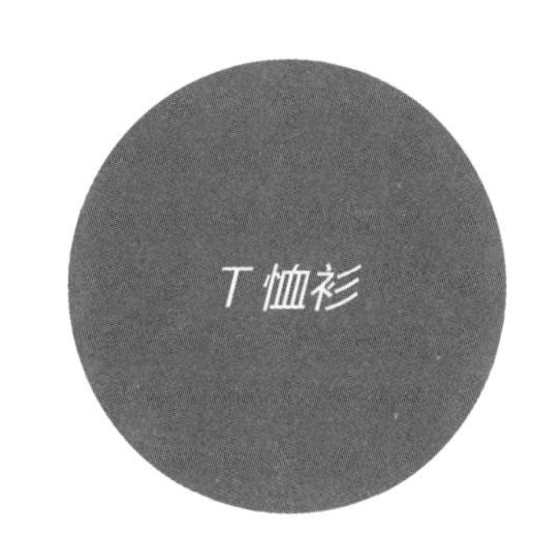

15. 针织休闲服（Jersey Casual Wear）

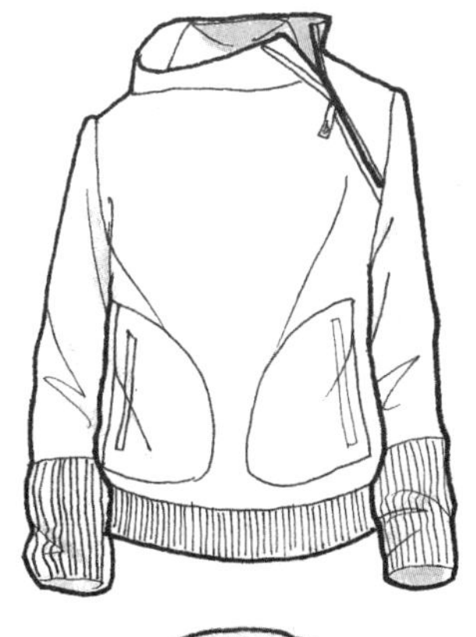

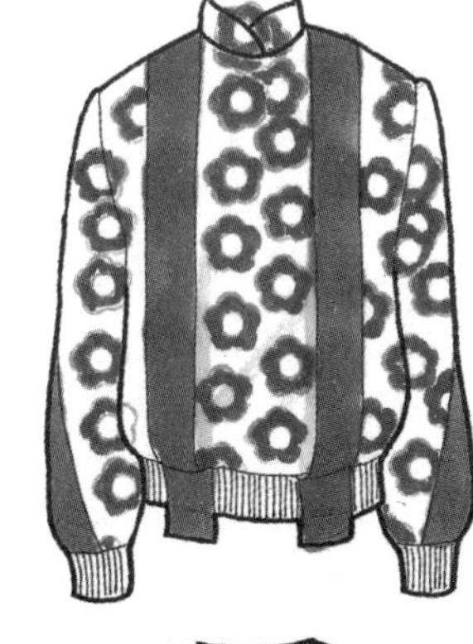

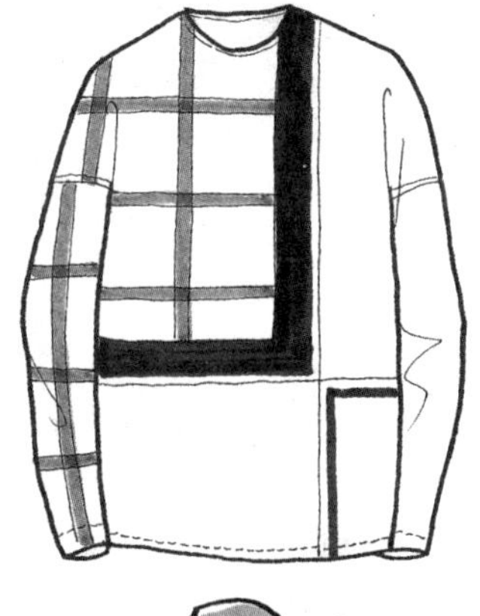

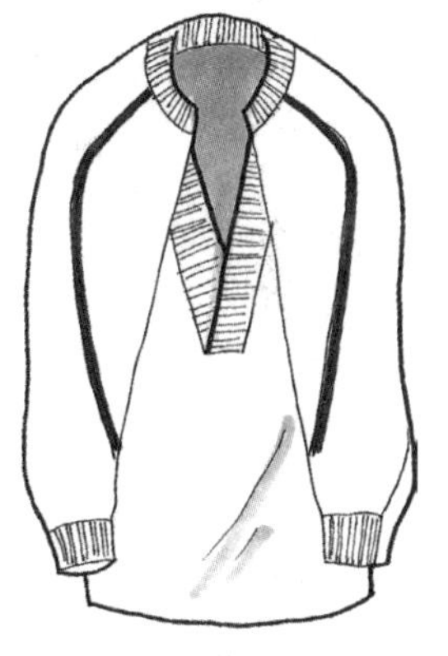

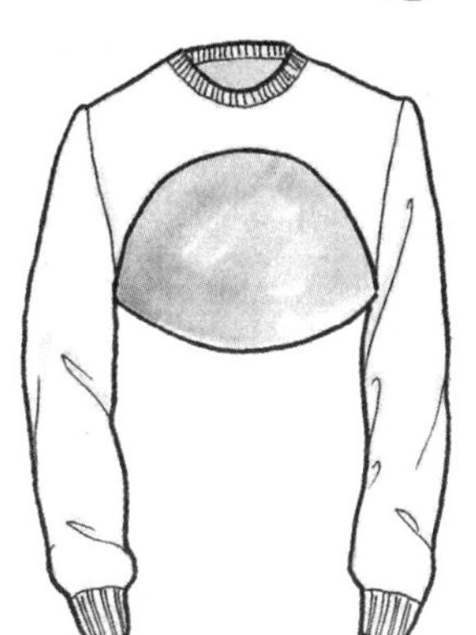

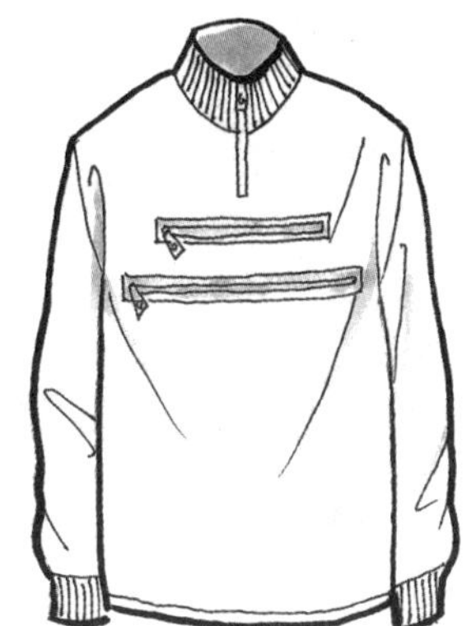

针织休闲服

针织休闲服

针织休闲服

16. 套头毛衣（Pullover）

毛衣是覆盖躯干和手臂的针织服装，套头毛衫或针织开衫都属于毛衣。毛衣不受年龄和性别的限制，通常穿在衬衫、T 恤衫的外面，有时也会直接接触肌肤穿着。传统的毛衣是由羊毛制成，现在也采用棉、合成纤维等织制。

套头毛衣

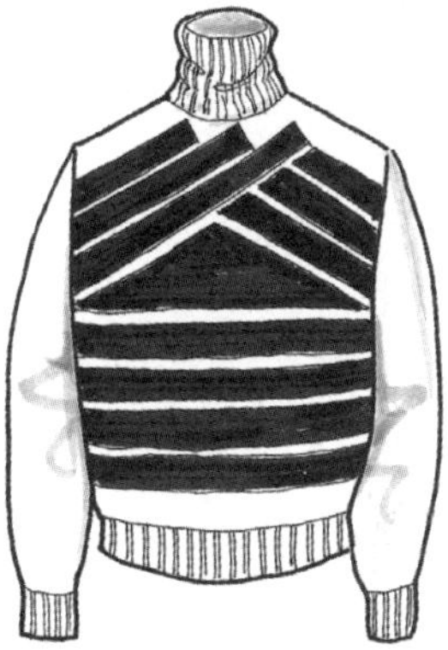

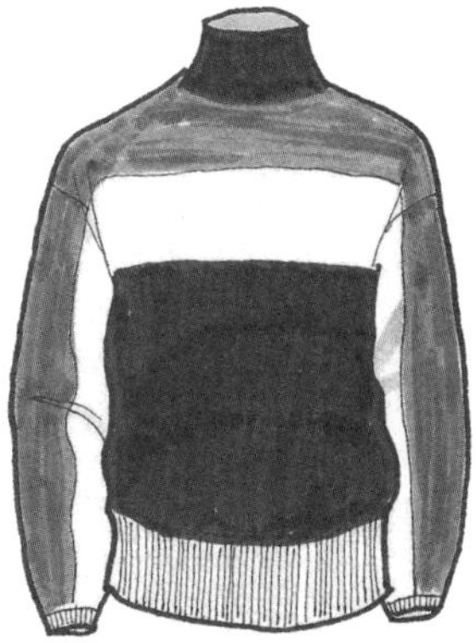

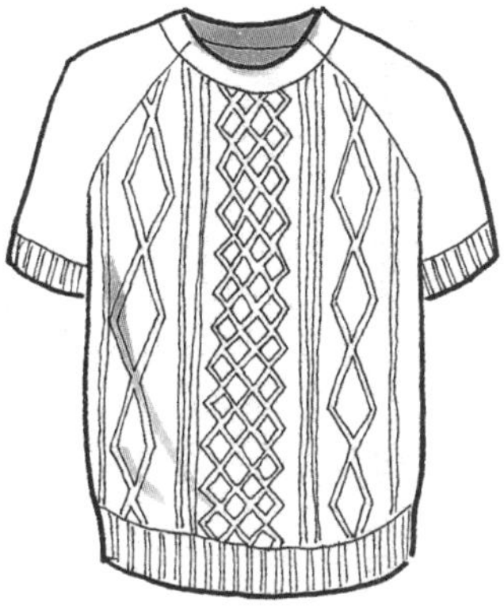

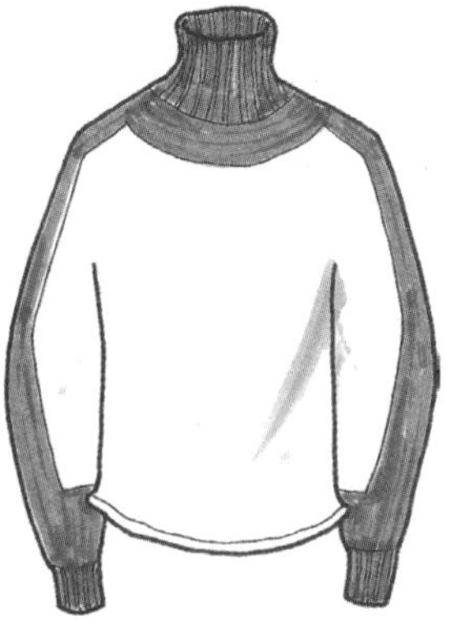

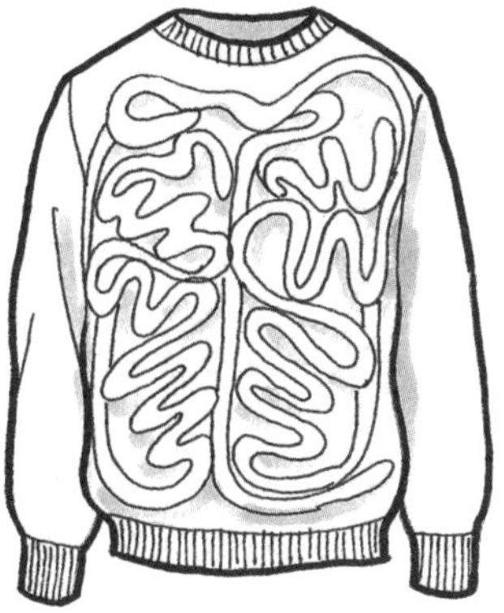

套头毛衣

套头毛衣

套头毛衣

17. 针织开衫（Cardigan）

轻薄毛边全扣式毛衣，前开襟配有一排纽扣，穿着时可以开襟穿也可以把扣子都系上，这种毛衣能让穿着者脱衣服时不弄乱发型。由于不适合劳动中穿着，故划分成为休闲服，陆续出现了变化的各种款式，有用拉链的，也有加披肩领的，更时髦的款式则没有纽扣，穿着时不系扣。可以机织也可以是手工编织。针织开衫是以英国人“羊毛衫伯爵”（Earl of Cardigan）命名，他曾是参加克里米亚战争中的英国陆军少将。款式来源于英国军官在战争中穿着的针织毛线背心。

针织开衫可以穿在衬衫外面，也可以穿在西服套装里面，它的多功能性意味着它可以在任何季节的休闲或正式场合穿着，穿着最多的时候当然是天气寒冷时。

针织开衫

针织开衫

第五章　羽绒服

羽绒服的长度可长可短，厚重保暖的羽绒风帽外套是严冬人们的首选。款式起源于因纽特人日常穿着的一种毛皮外衣。虽然今天人们开发了许多防寒材料，但冬季羽绒服仍是最大众、最常见的保暖服装。充绒后，空气层阻断了冷空气，羽绒服本身也很轻，便于人们在冬季活动。现今羽绒服的设计已不再是往日人们印象中圆圆胖胖臃肿的样子，各种轻薄、收身款羽绒服的出现大大满足了冬季人们爱美的需要。

1. 连帽羽绒服（Hooded Down Coat）

连帽羽绒服是寒冷地区冬季非常实用的款式，有与衣身连为一体的帽子，也有可以拆卸的帽子（用暗扣或拉链与立领连接）。帽子是抗拒寒冷北风大雪最实用的设计点，帽子里面通常也会充绒，帽子的边缘部也会加上一圈动物毛皮，常见的有狐狸毛或貉子毛条装饰，这一细节也反映了其设计来源于风雪派克大衣。

连帽羽绒服

2. 羽绒大衣（Down Coat）

羽绒大衣主要就是从衣服的长度上讲，通常会盖过臀部，也有长度在膝盖上下的款式，这样的羽绒大衣很好地保护了人体的大部分区域，为了让人体活动方便，拉链通常会采用双头拉链。为了保暖门襟会采用拉链和有暗扣的复合门襟，既保暖又实用。

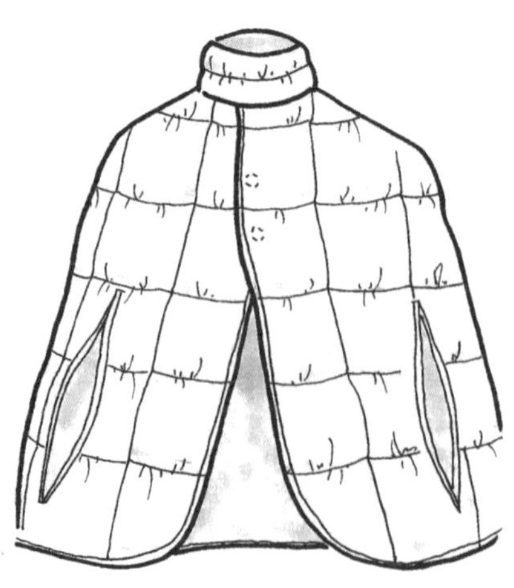

3. 羽绒夹克（Down Jacket）

羽绒夹克是对羽绒服进行了长度的调整，羽绒夹克更加轻便，缩短的衣长使下肢活动更加自如，给穿着者更大的活动空间，适合短时间户外活动。

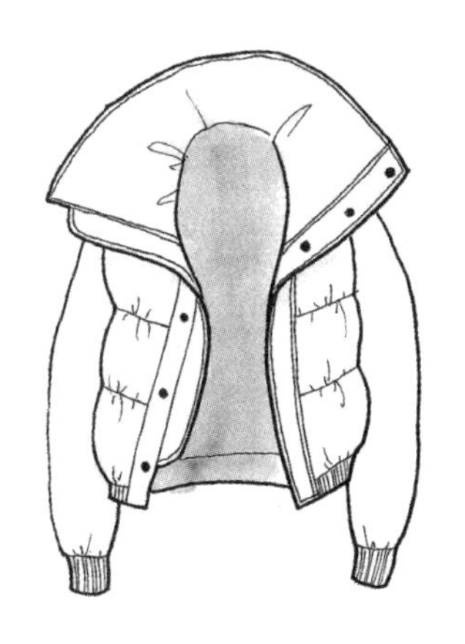

羽绒夹克

羽绒夹克

4. 羽绒西服（Down Suit）

羽绒西服把羽绒加入西装的衣身或袖部，给人十分新颖的视觉效果。羽绒西服是羽绒服家族中最时尚的款式，并不是为野外极端的气候条件而设计，它利用了薄充绒技术，使服装既保持了款型，又变得更加保暖、轻盈。

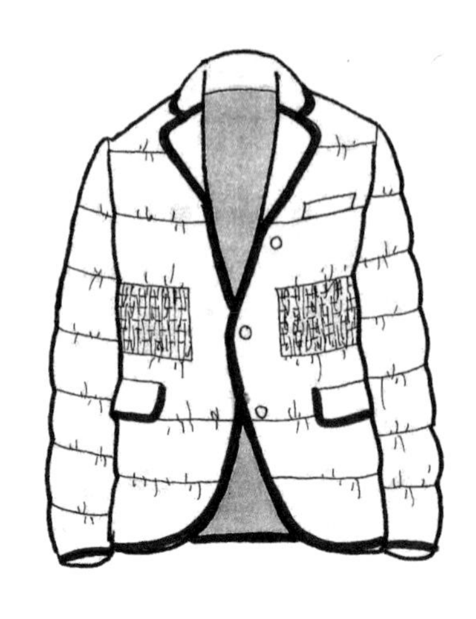

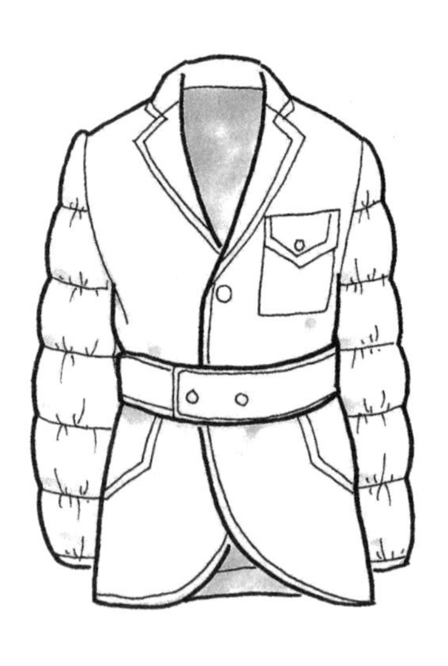

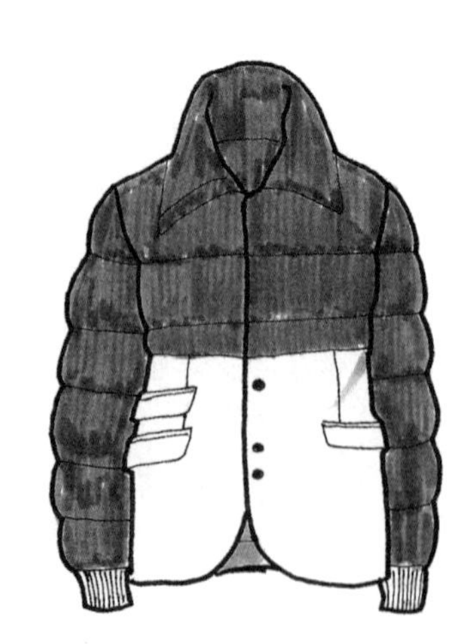

第六章　背心

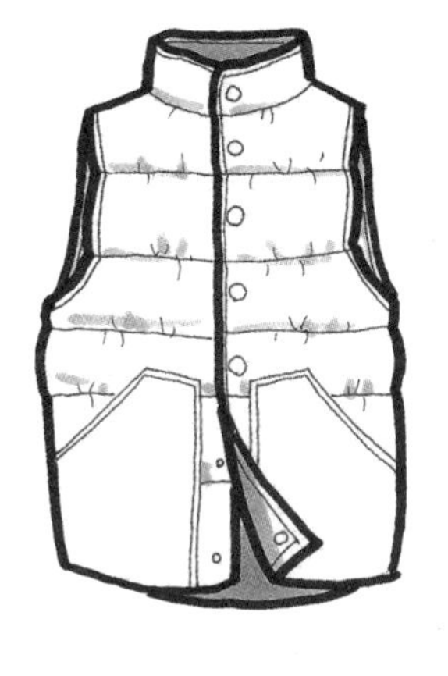

1. 羽绒背心（Down Vest）

羽绒背心是初冬很常见的一种款式，是青少年喜欢外穿的款式。寒冬时羽绒背心可以穿在棉服里面起到保暖作用，是北方老年人冬季居家常用的单品。

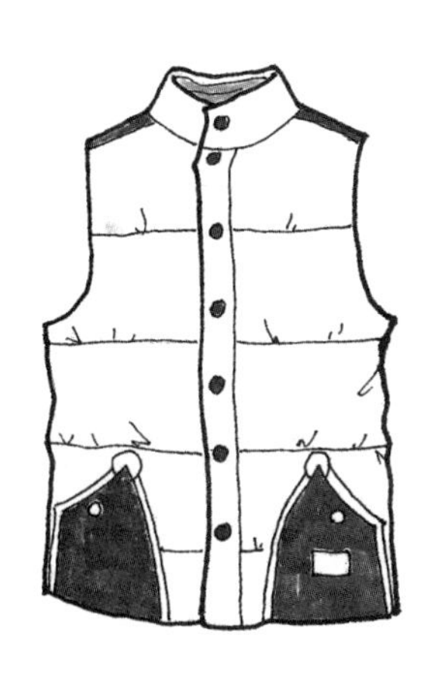

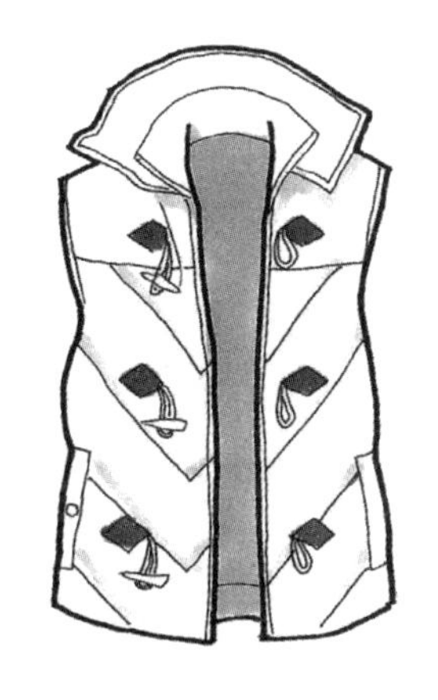

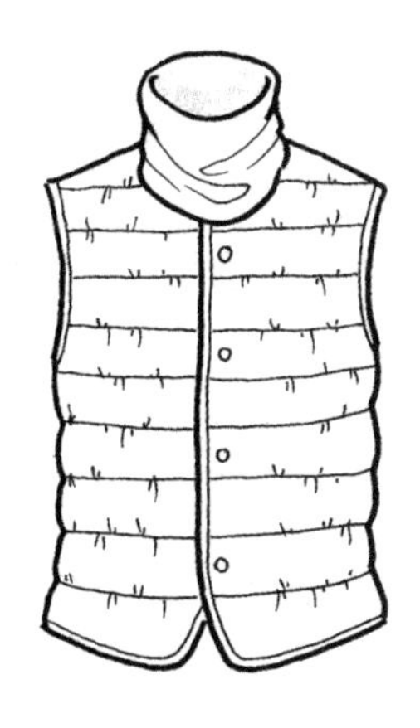

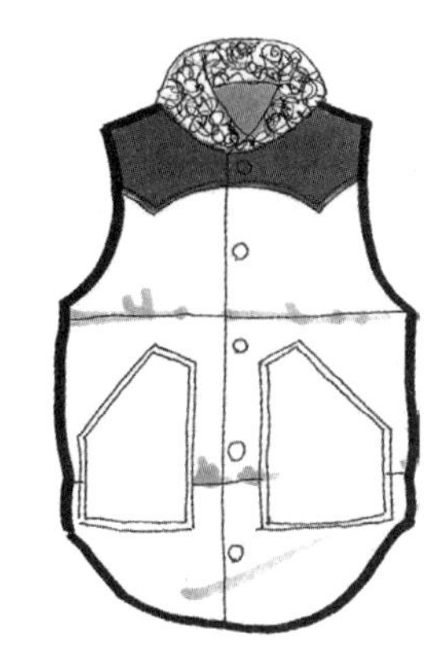

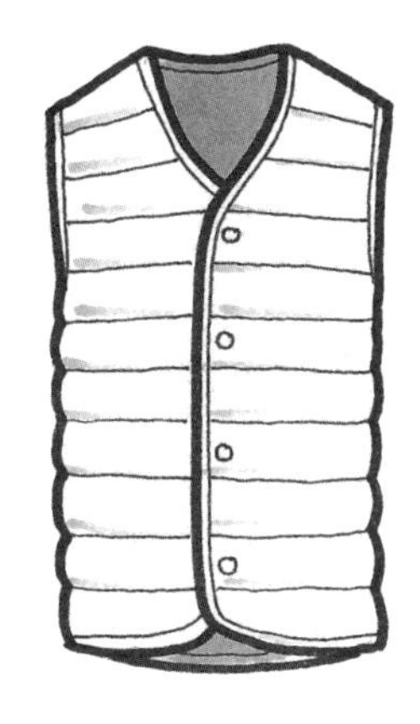

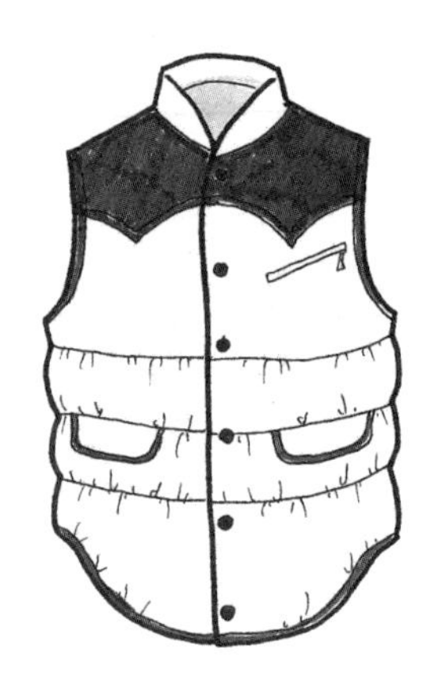

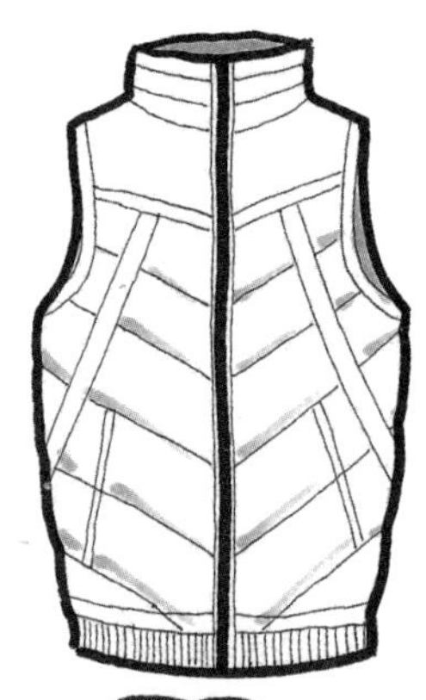

2. 运动款背心（Sport Vest）

运动款背心越来越受到人们的喜爱，受到户外服装热的影响，运动款背心可以代替冲锋衣的内胆穿在里面，是很实用的款式。

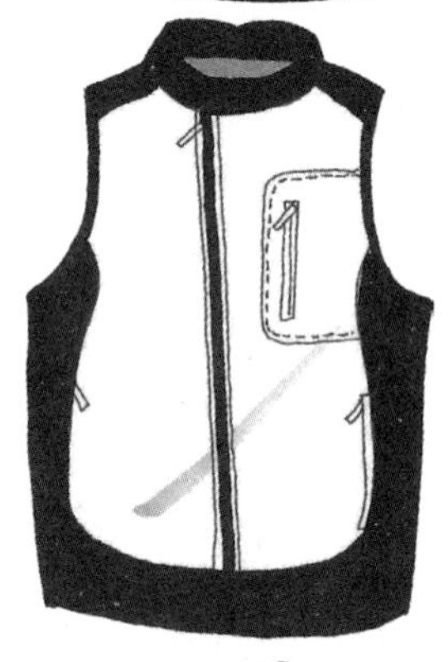

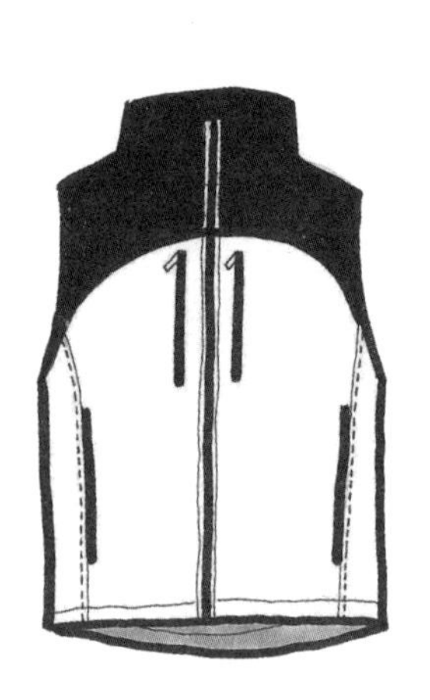

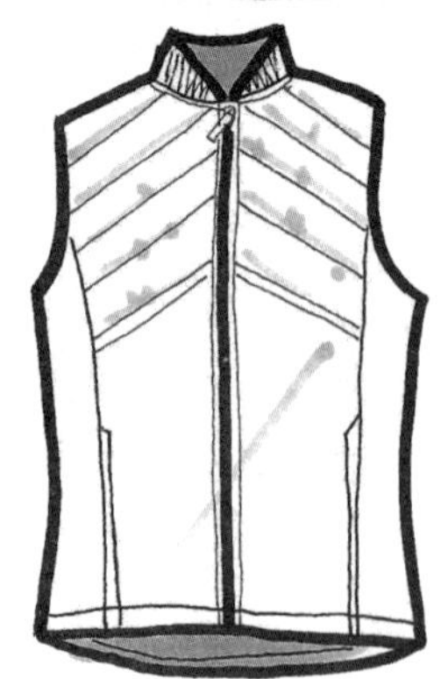

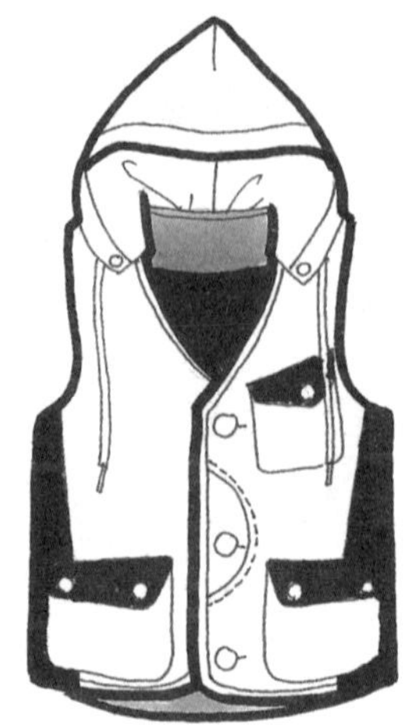

3. 休闲背心（Casual Vest）

休闲背心适合平时穿着，适用场合很多，面料的选择也多种多样，适合不同年龄层人们的需要，是男人衣橱里的常见服装款式。

休闲背心

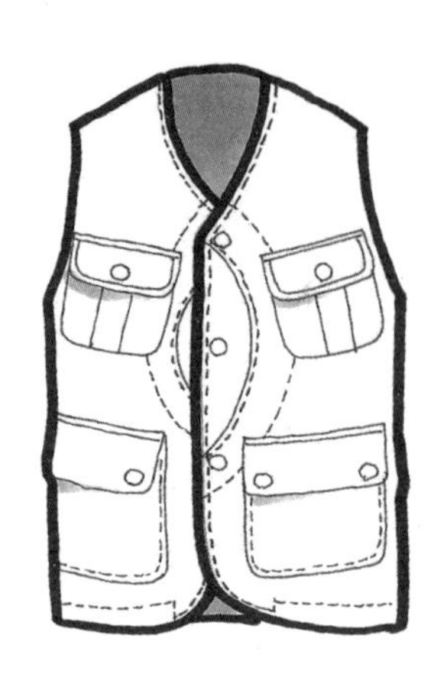

4. 西服背心（Waist Coat）

20 世纪 40 年代之前的西装总是搭配着背心穿着。由于第二次世界大战期间配给限制，其受欢迎程度有所下降，从 20 世纪 70 年代开始穿着背心便不再时尚。

多数背心与西服外套搭配穿着，十分正式，会使穿着者更庄重、更高雅。如果把背心与衬衫配搭穿着会给人比较轻松休闲之感，当然也较正式。背心多数使用羊毛材料制成，能够让人在寒冷的天气里胸腹部感到温暖，背心的背部有时使用丝绸面料；有无领和翻领可供选择。西服背心也是男性商务套装中的第三件单品，西服背心应当紧身合体，与裤子很好地衔接，如果背心过短露出腰

带，或露出下面的衬衫就太糟糕了。西装背心的背后应当是可以调节的，在前片下方应有至少两个口袋。晚礼服背心最为正式，通常是单排三粒扣、披肩领。大众款背心通常无翻领。通常背心最下面的一粒扣子不扣，就好像有些西服的后开衩，坐下时开着的一粒扣不会使穿着者感到太紧绷。有些背心会有翻领，有的则没有。

西服背心

第七章　裤装

裤子就是穿在腰部到脚踝的服装，分别覆盖双腿。短裤类似裤子，但长度上发生了变化，短裤长度取决于短裤的样式。裤子最早仅被男性穿着，到20世纪中期，裤子才被越来越多的女性穿着。牛仔裤由斜纹布制成，是现今最流行的休闲装，被男性和女性普遍穿着。短裤多在炎热的夏季或运动时穿用，是儿童和青少年的首选。裤子腰部可以系扣也可以松紧带，或者用腰带或吊带。打底裤是紧身贴体的款式，采用弹性面料。裤子前面有有省和无省两种剪裁方式。时下流行的款式为双省位，靠里侧的省位刚好是裤中线。如果是单省位则与裤中线一致。

1. 西装裤（Suit Pants）

西装裤是用与西装上衣相同材料制成的长裤。正式礼服所搭配的西裤有简化的口袋，因为口袋并不常用。普通款西装裤的口袋有细致的制作工艺，因其与正式礼服裤装的口袋不同，通常会露在西服外，后面有做工精致的双兜牙插袋。不论等级如何，在实际的穿着中，西裤的口袋不会真正的放着许多沉甸甸的物品破坏裤子的整体造型。

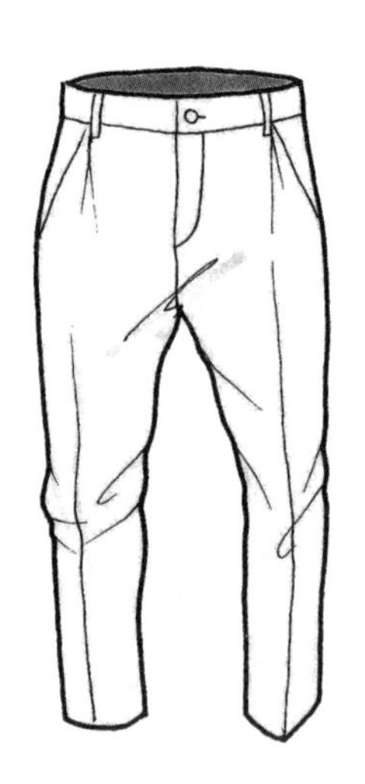
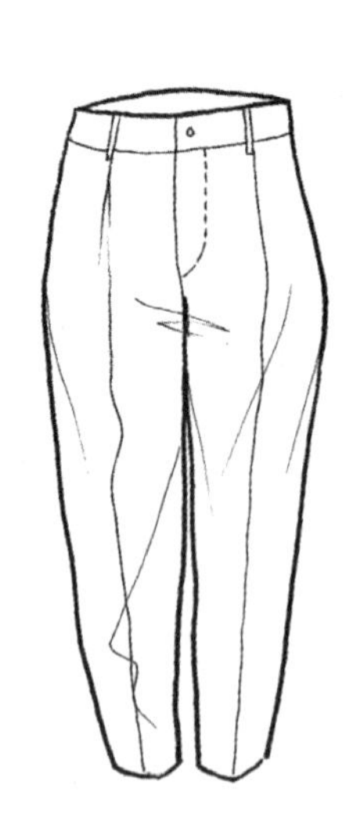
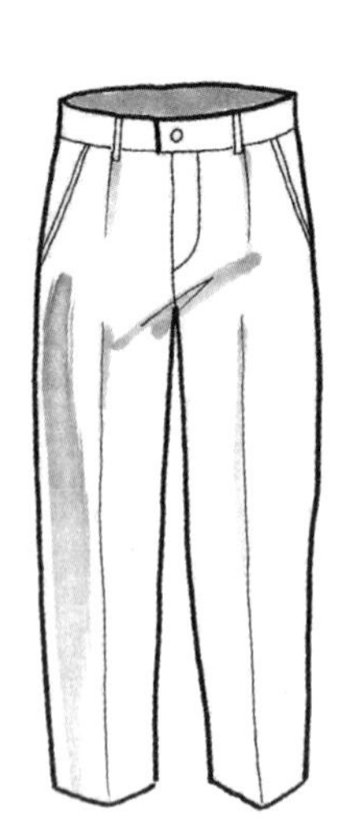
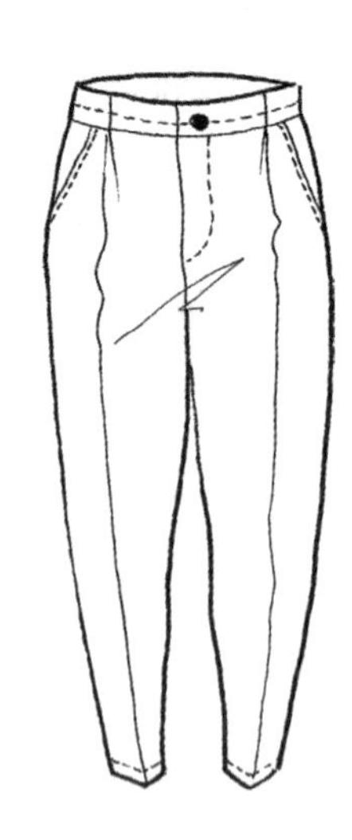

2. 牛仔裤（Jeans）

牛仔裤是设计史十分成功的例子，几乎是人手一条，随处可见。牛仔裤早期出现时，并不被美国民众所接受。在 20 世纪 50 年代，美国的纺织协会为牛仔裤争取应有的权益，而改变了牛仔裤原来的地位。牛仔裤的创始人李维 · 斯特劳斯（Levi Strauss）在加州淘金热潮中设计了耐磨实用的牛仔裤并大获成功，为淘金的工人带来实惠，原来没有牛仔裤时，工人干活的裤子很不耐穿。李维 · 施特劳斯为了使裤子结实耐用加密了针脚，在缝合处采用了铆钉，双线处理工艺，五袋形制。牛仔裤今天已经不再是工作服的代名词，它成为休闲着装的领军单款。

牛仔裤多由斜纹布或粗棉布制成。通常情况下，“牛仔裤”一词指的是一个特定风格的裤子，就是“蓝色牛仔裤”。牛仔裤有不同的款式变化，有紧腿裤、锥形裤、直腿裤、喇叭裤、靴裤、低腰裤、宽松裤。有高腰、中腰和低腰剪裁。面料也会采用做旧、酸洗、切口磨损和原色等不同工艺处理手法。

牛仔裤是现在世界各地的休闲装扮流行的单品。牛仔裤有众多的款式和颜色。然而，蓝色牛仔裤代表着美国文化，尤其是早期的美国西部。

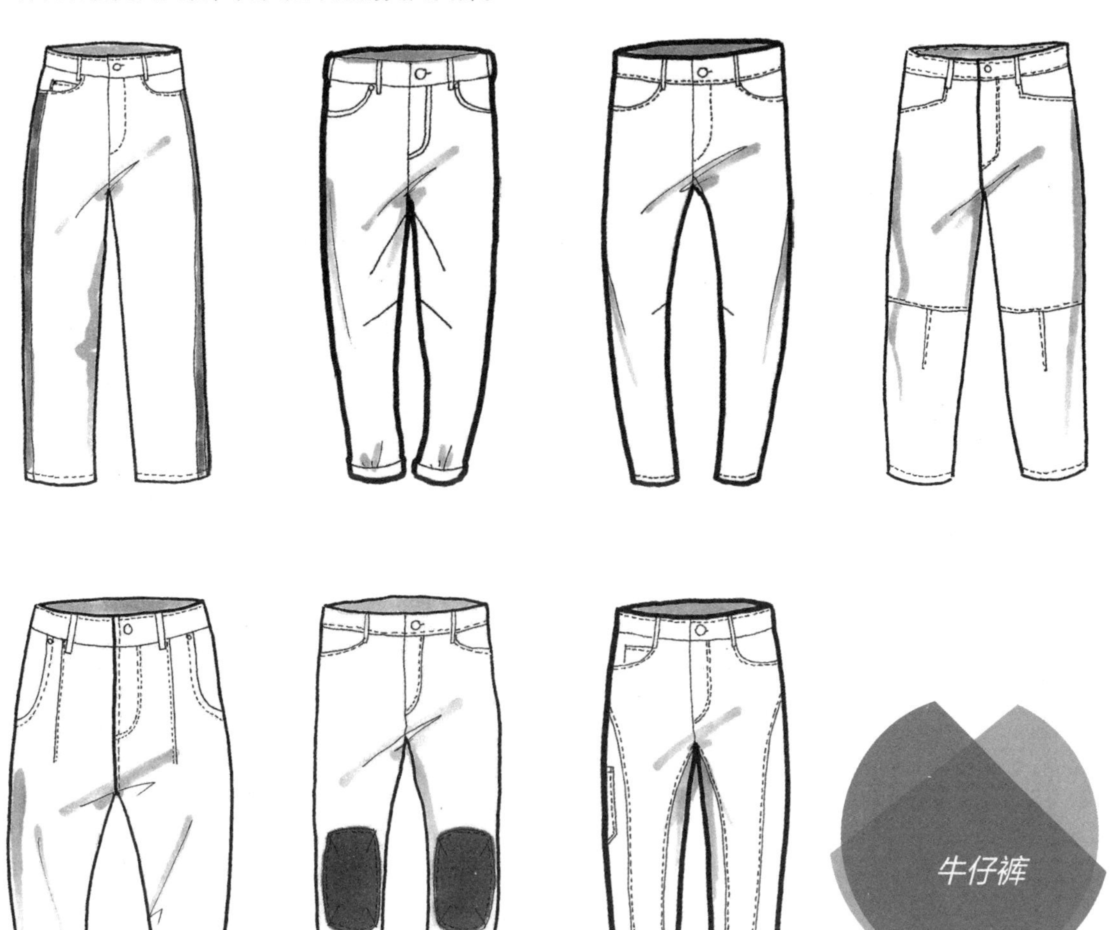

3. 工装裤（Overall）

工装裤因其原有的军事用途有时也被称为战斗裤，宽松剪裁是为了适应艰苦的户外条件，为了方便活动还借鉴了滑雪裤的设计。其设计特点是裤子上有一个或多个置物口袋。工装裤在城市地区已成为流行，因为在徒步旅行时，工装裤方便携带物品。

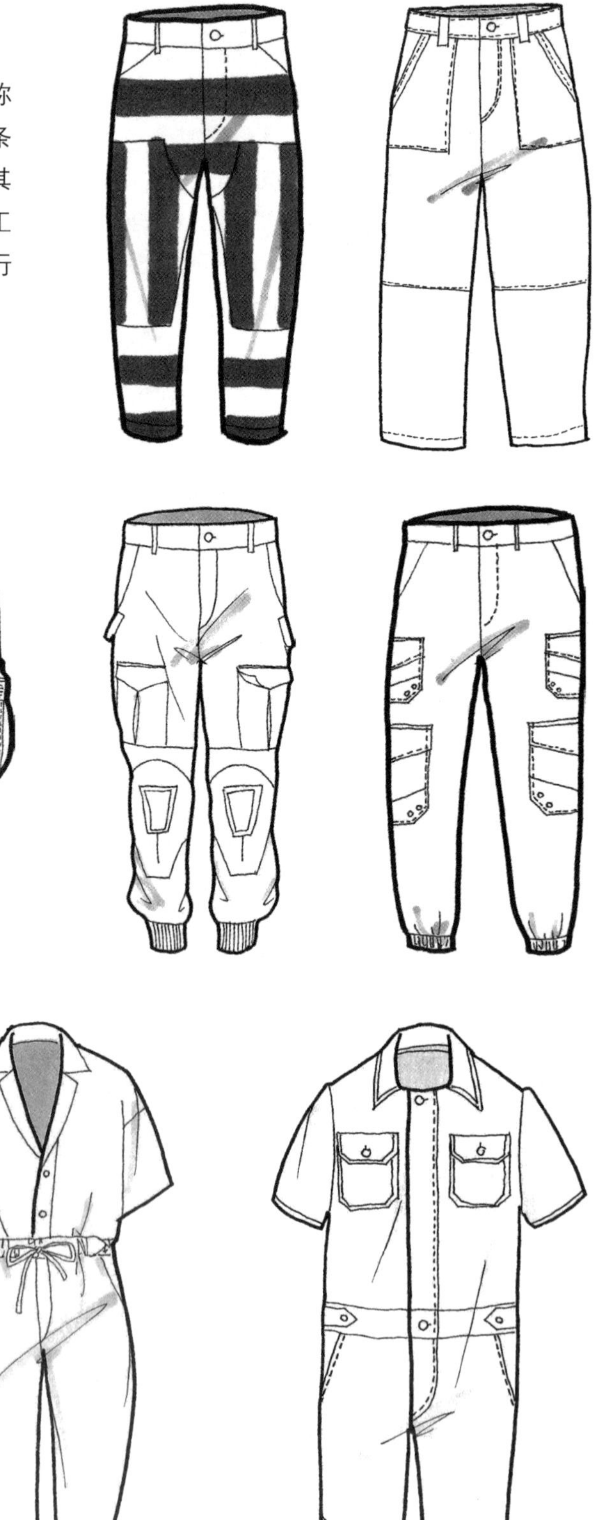

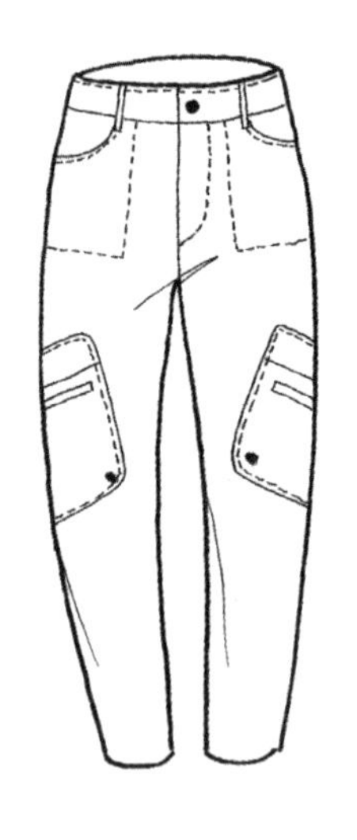

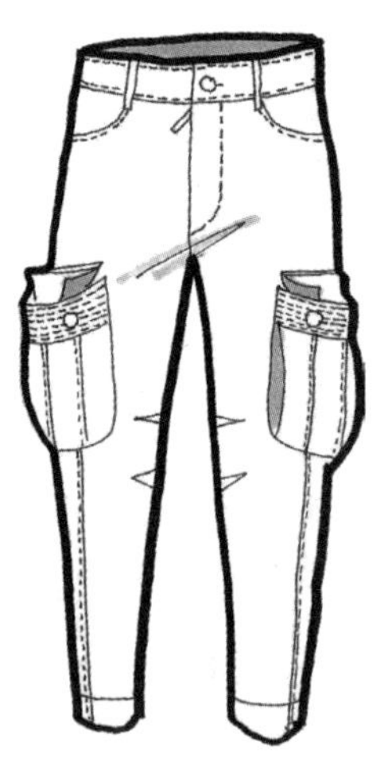

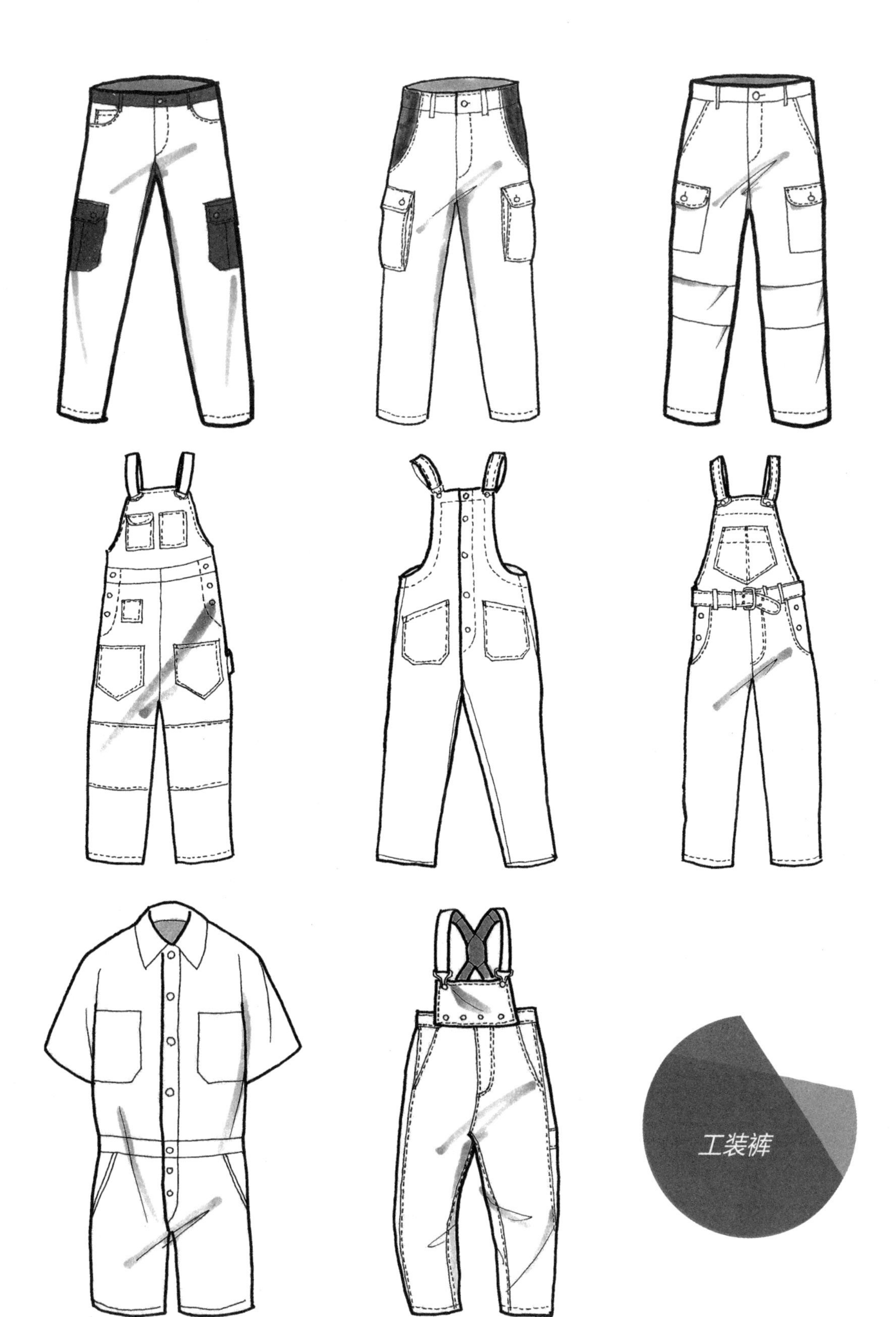

工装裤

4. 短裤（Shorts）

短裤是男性和女性穿着的覆盖骨盆区域，围住腰部，在大腿处分开以覆盖大腿上部的服装，有时向下延伸到膝盖，但不覆盖整个腿部。被称为短裤是因为是覆盖整个腿部的长裤的缩短版。短裤通常是在温暖的天气或腿部需要散热时穿着的服装。短裤有很多种，从及膝短裤到沙滩短裤到运动短裤。

短裤

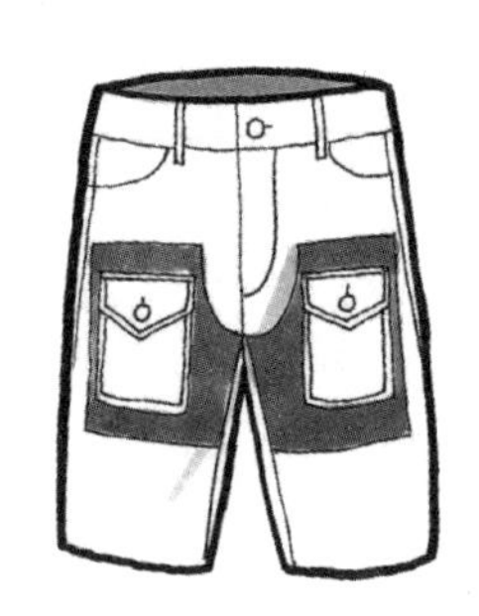

5. 运动裤（Sport Pants）

运动裤是一种适合多种运动舒适柔软的裤子，虽然他们出现在许多不同的场合。在英国、澳大利亚、新西兰和南非，他们被称为田径裤或慢跑裤。

运动裤通常由棉或聚酯纤维制成。腰部弹性松紧处理，口袋可有可无。传统运动裤是灰色的，但现在什么颜色都可以买到。运动裤款式相当宽松肥大，穿脱都很容易，具有弹性和舒适性。另外，运动裤比常规的裤子透热性强，如果天气冷就保温效果差一些，如果在进行有氧运动时，高透气性会使穿着者感到很舒适。

这些实用的裤子曾经只能在体育运动或在家里穿着。但现在，运动裤出现了许多时尚的款式，很多人也在各种公共场合穿着运动裤。因为它们既舒适又时尚，已经成为流行服装。

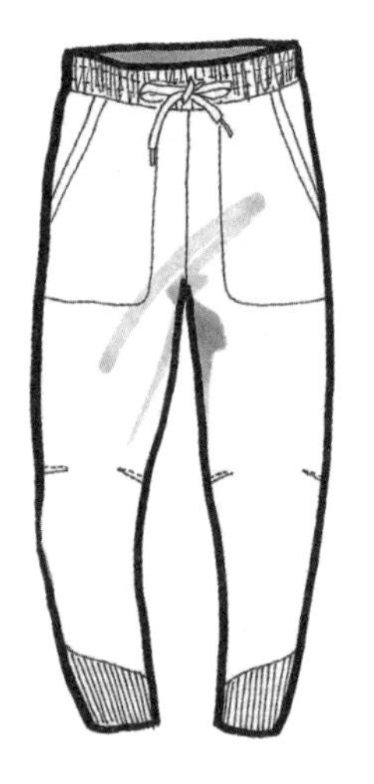

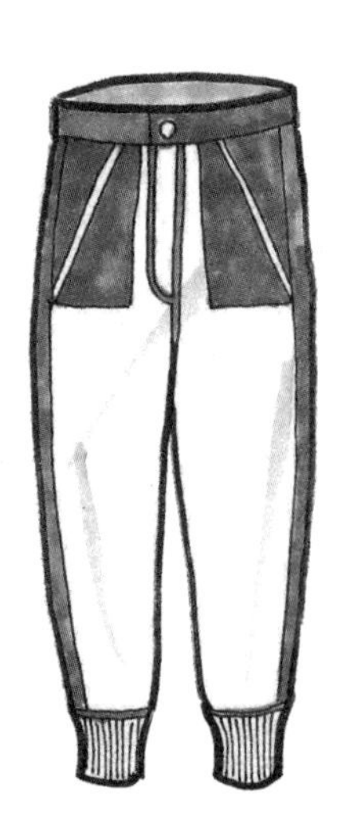

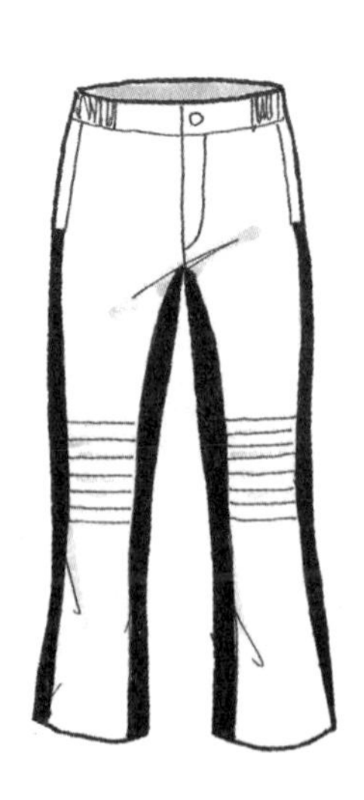

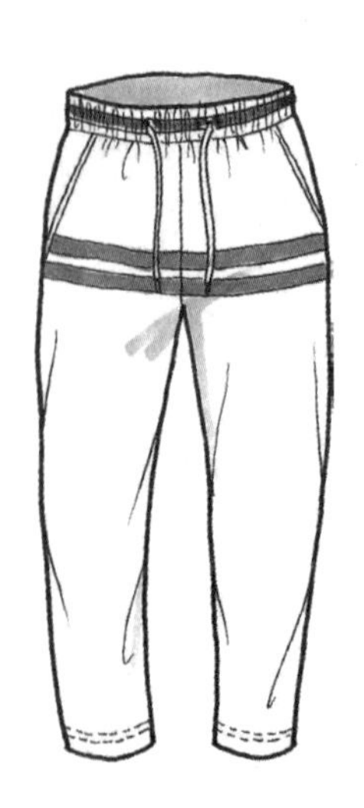

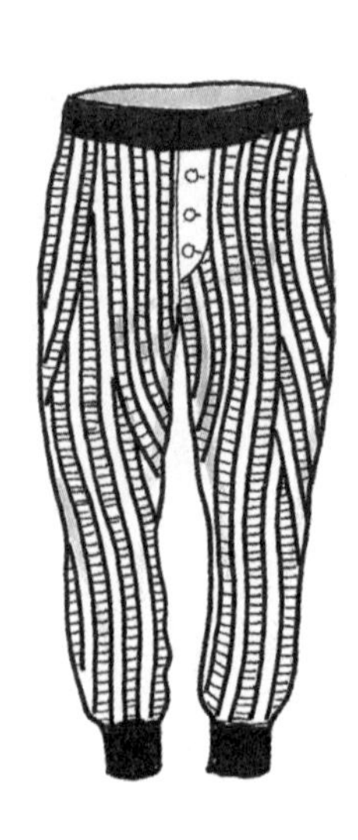

运动裤

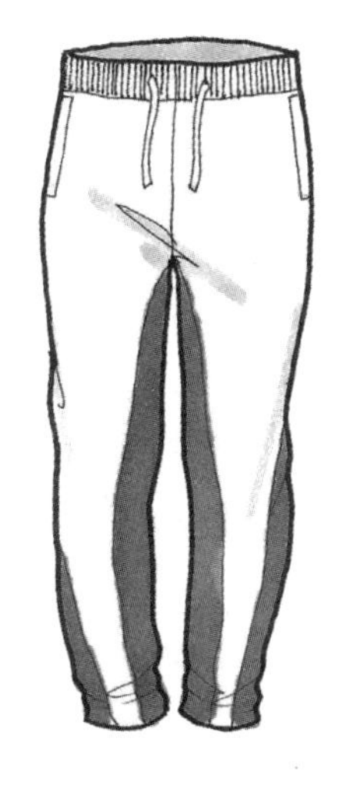

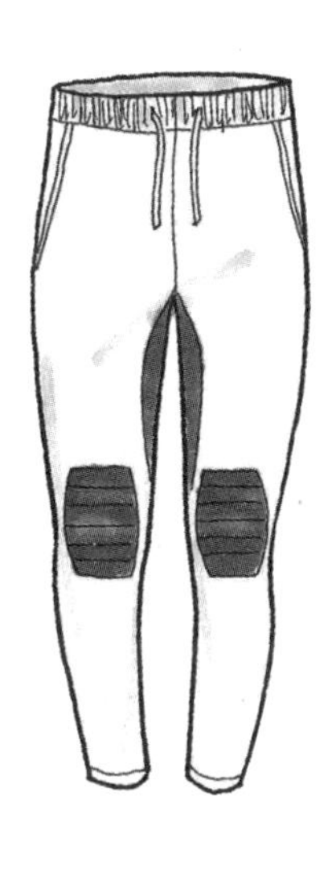
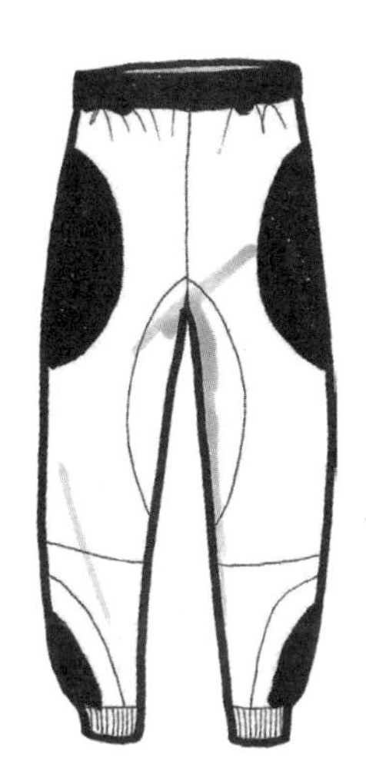
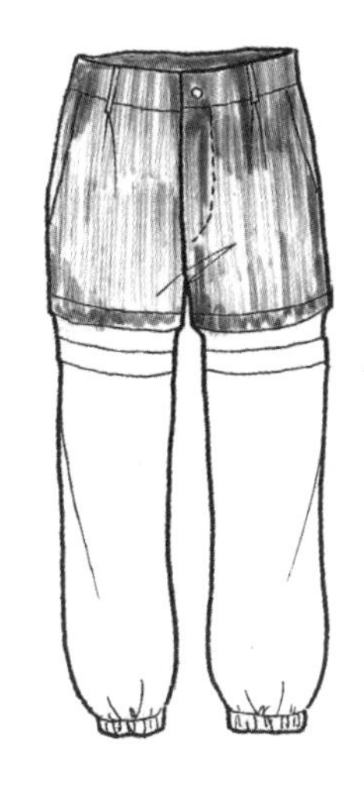
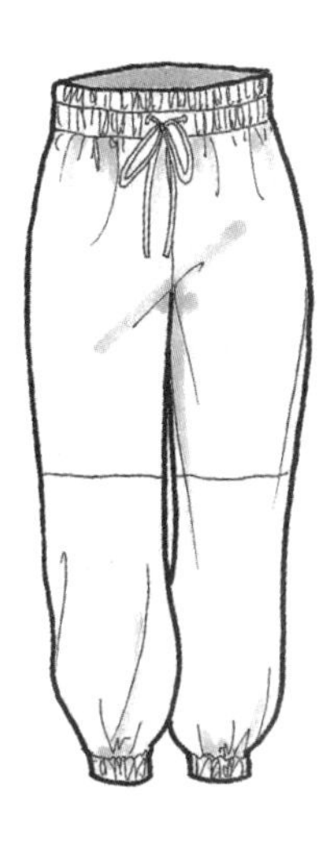
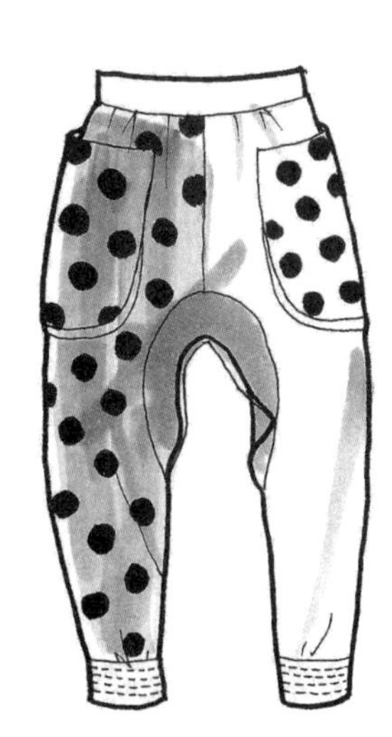
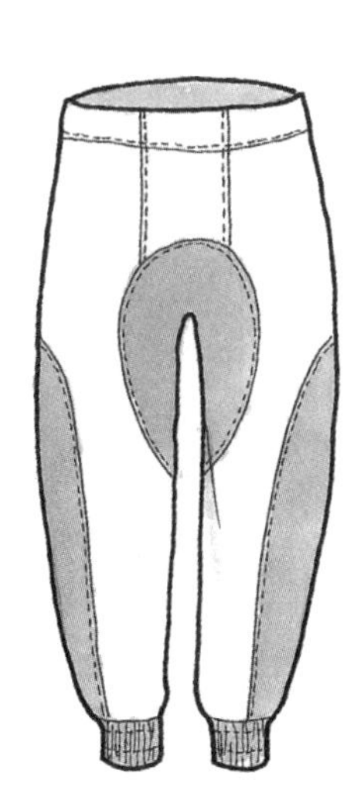
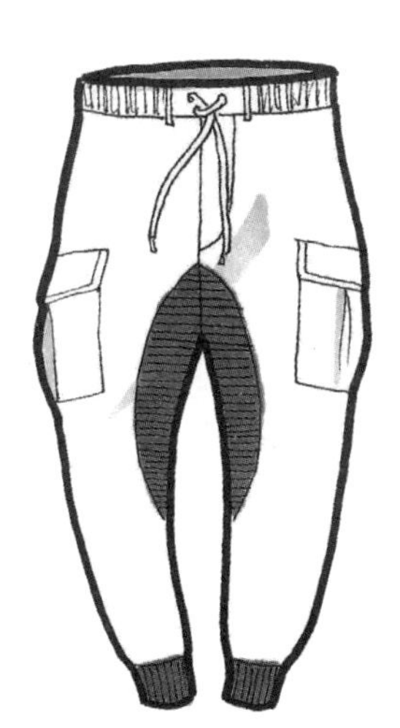
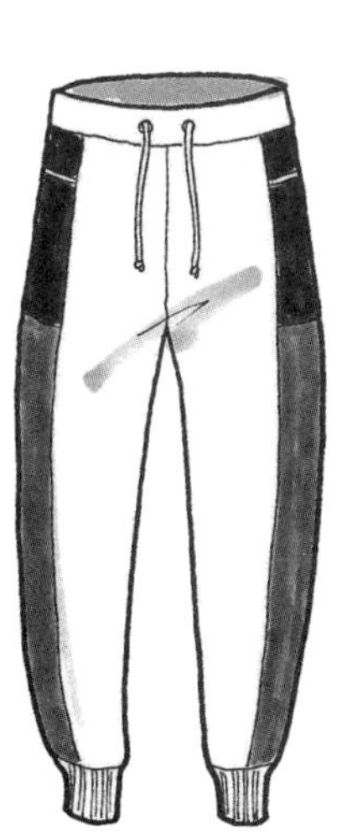

6. 休闲裤（Casual Pants）

休闲裤中首选卡其裤，是西装裤向休闲裤转换的代表。休闲裤的口袋实用性强，后面袋盖还有扣子扣合，这与西装裤有很大不同。

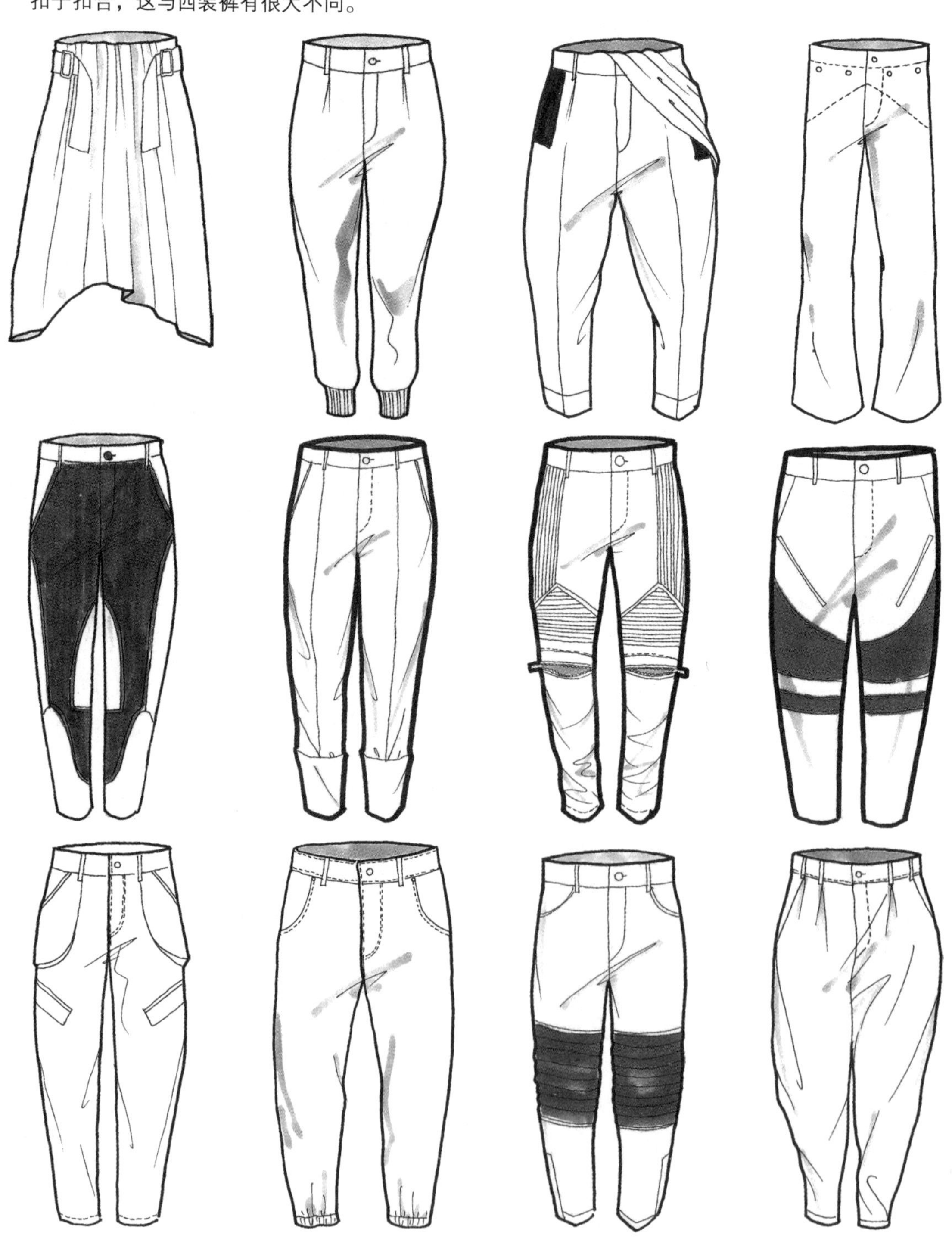

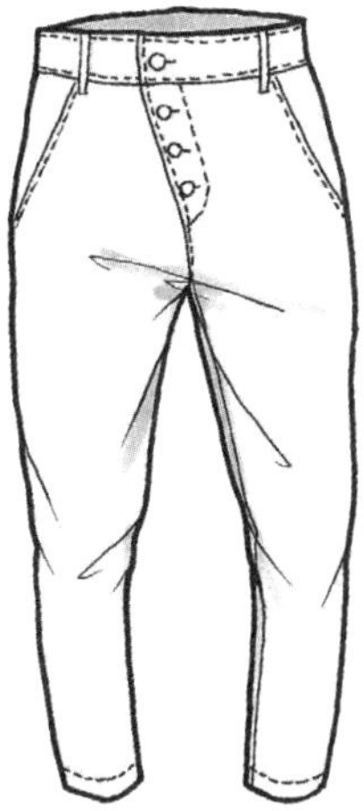

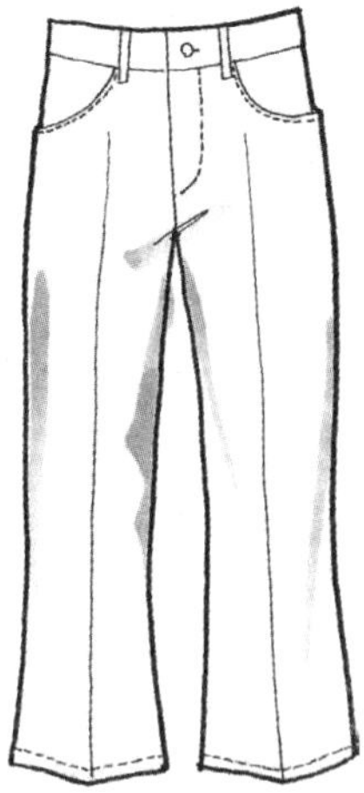

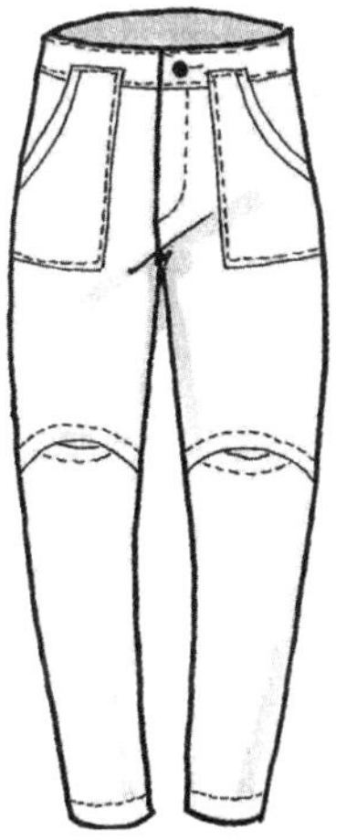

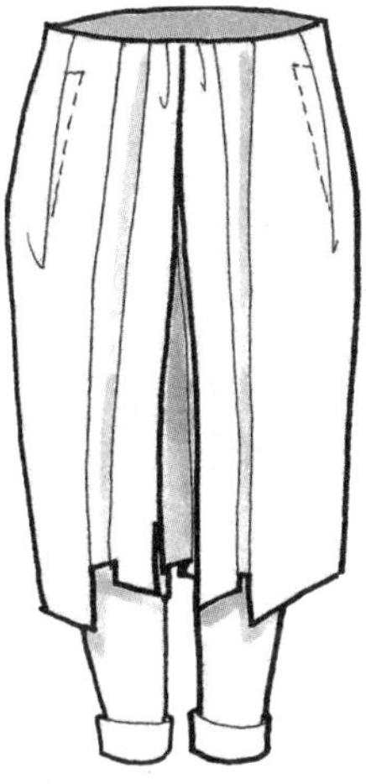

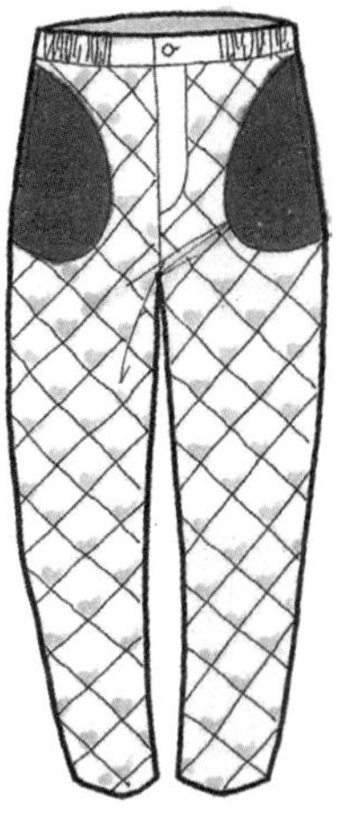

休闲裤

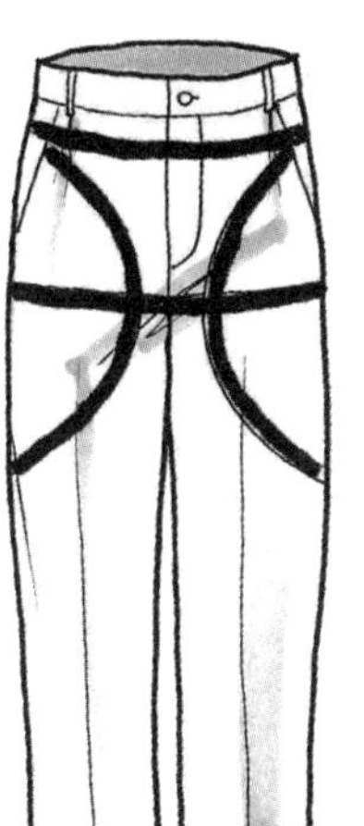

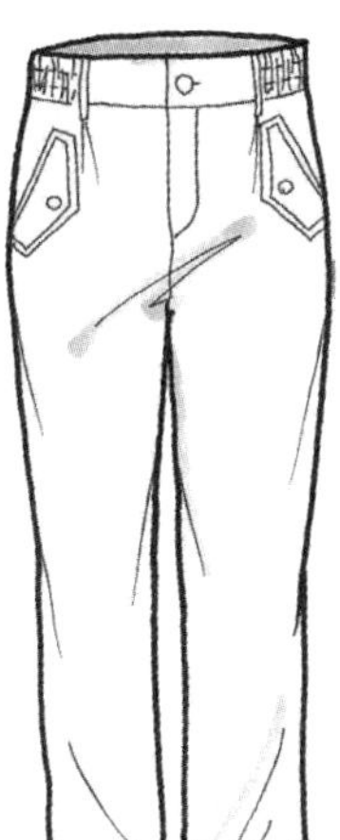

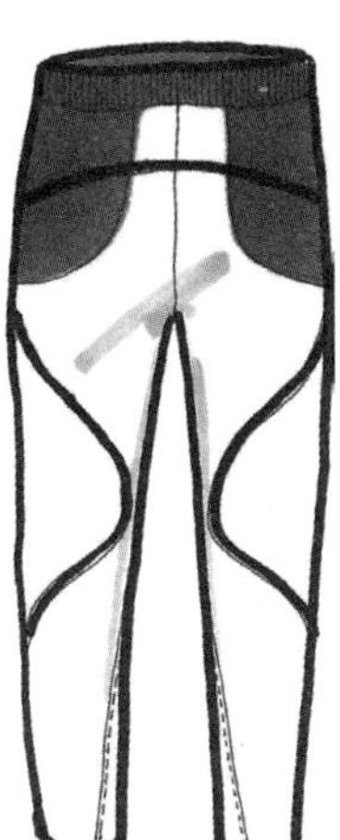

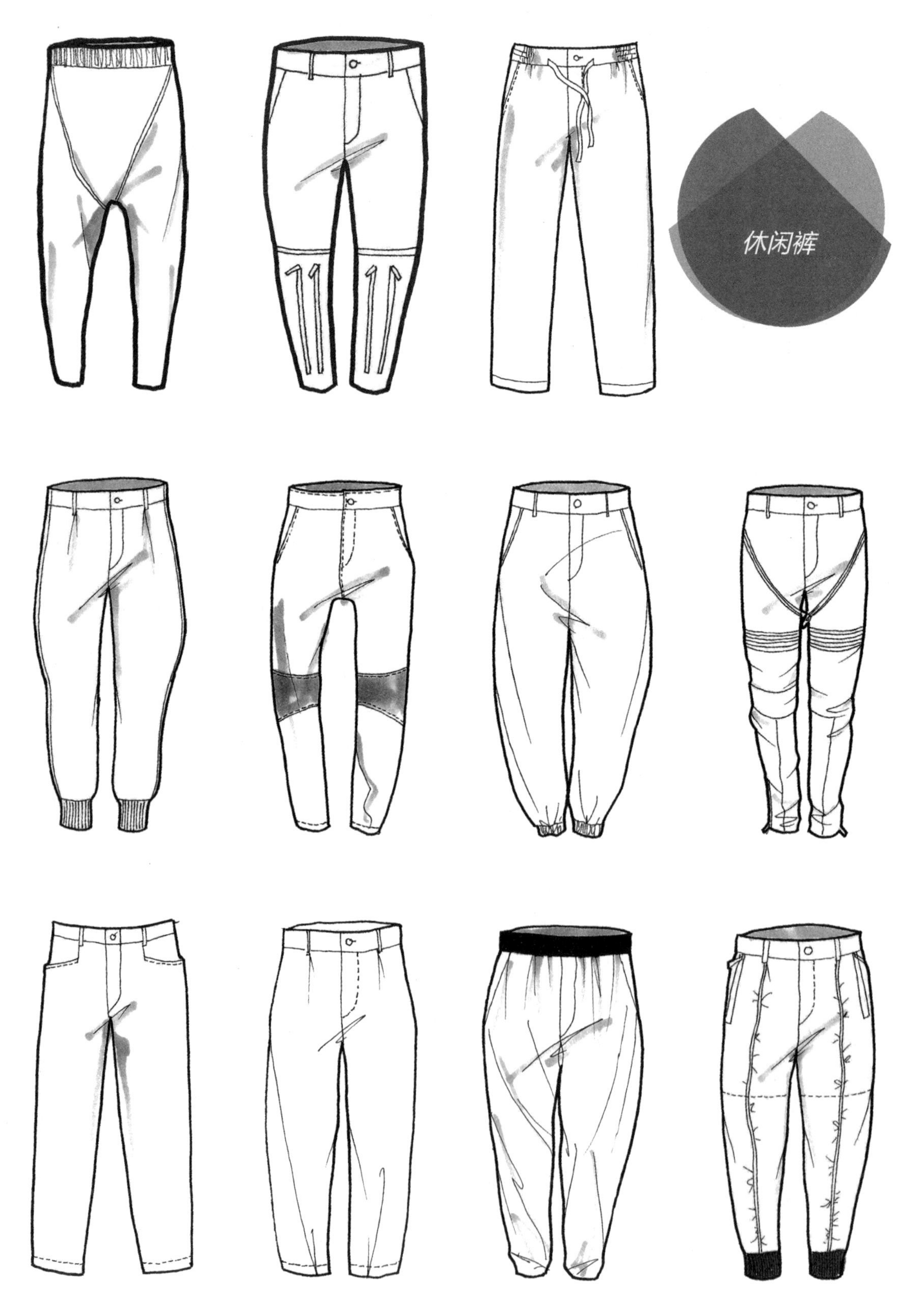
休闲裤

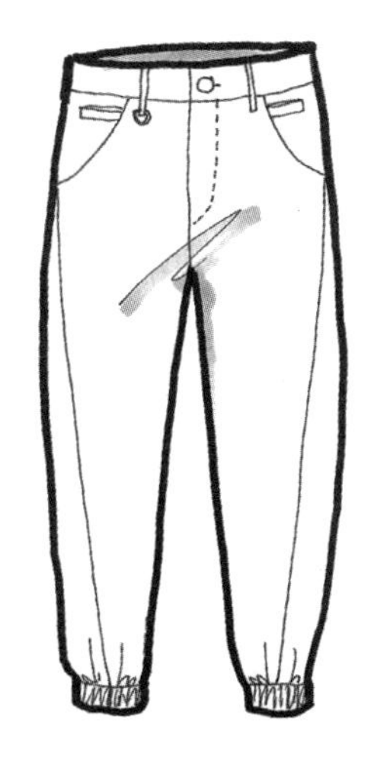

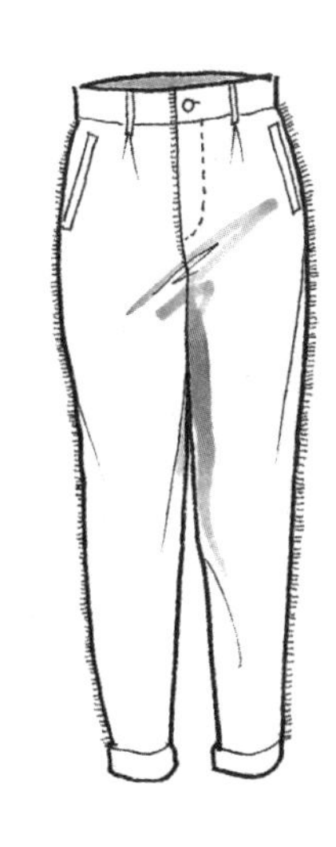

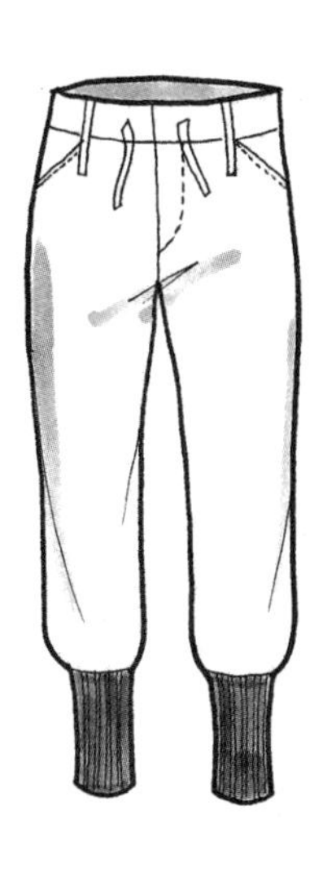

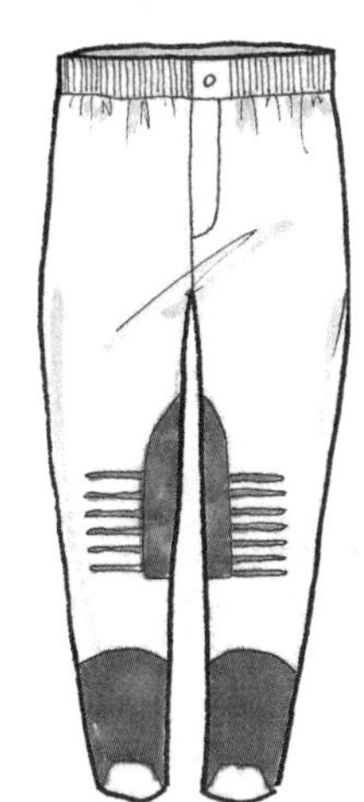

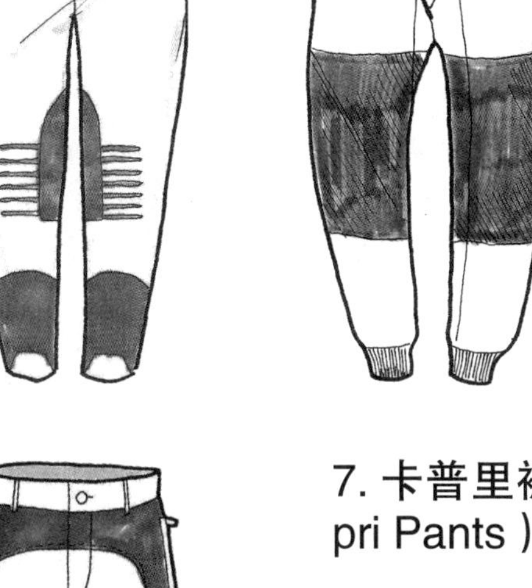

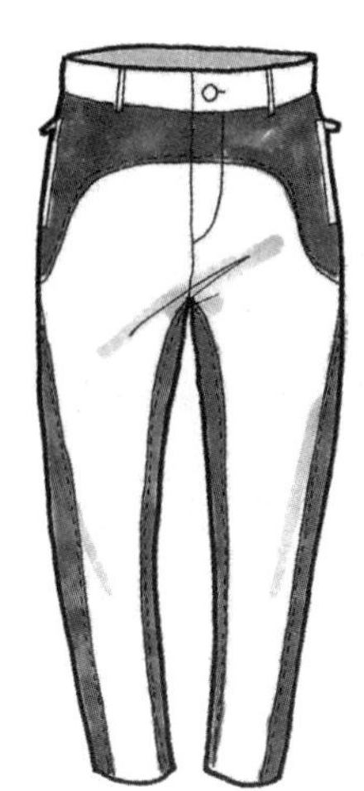

7. 卡普里裤（七分裤）(Capri Pants)

卡普里裤有贴身款和宽松多口袋款，是夏季人们喜欢穿着的一种七分裤，这种裤子舒适性大于其时尚性。有时卡普里裤子会使人看起来很邋遢很随意，卡普里裤的长度刚好到小腿的一半处，有时会显得人更矮。

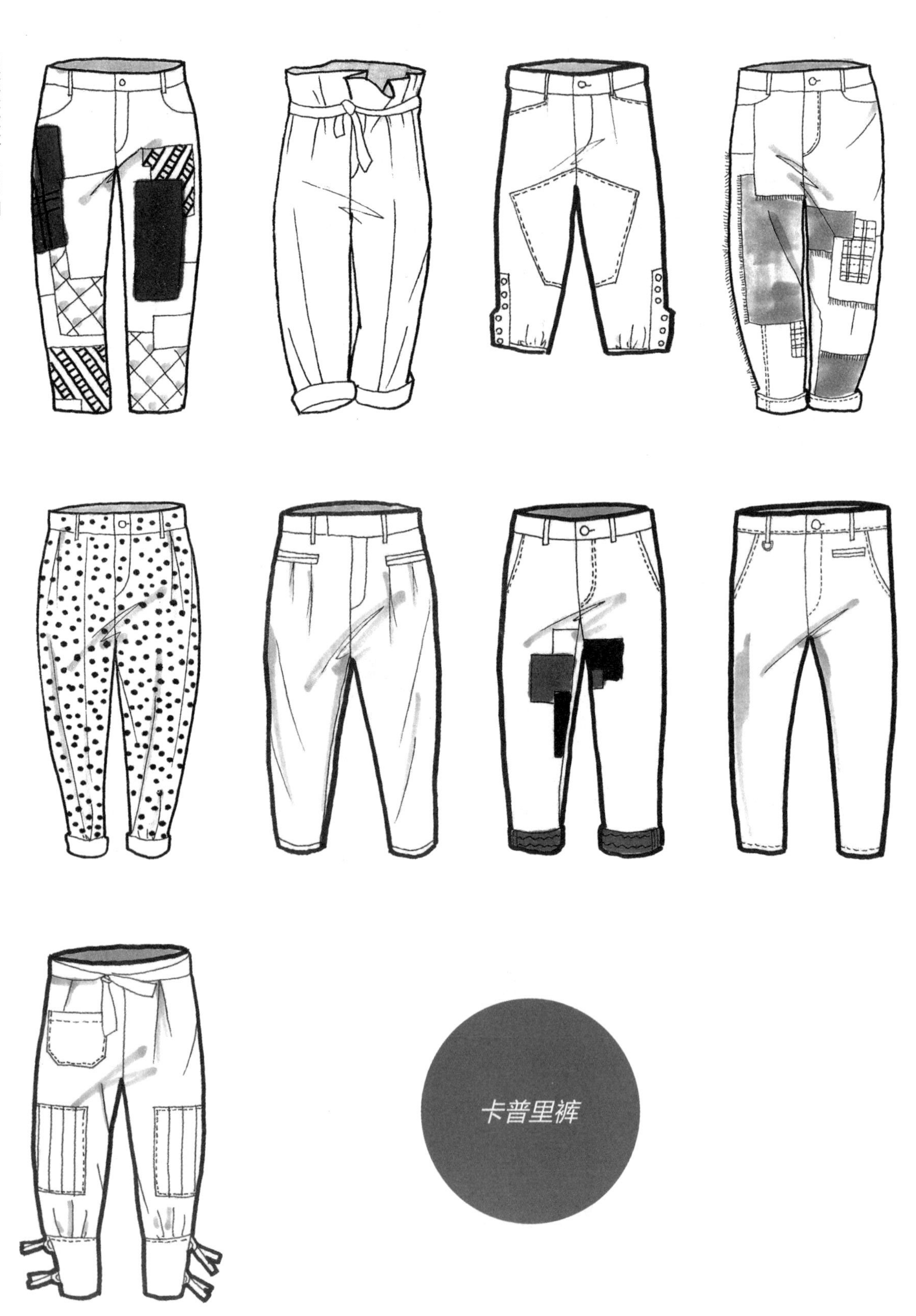
卡普里裤

参考文献

[1] 乔希·西姆斯．男装经典52件凝固时间的魅力单品［M］．曹帅，译．北京：中国青年出版社，2013.
[2] 刘瑞璞．绅士服定制指南［M］．北京：中国纺织出版社，2015.